JN082910

エビとカニの博物誌

― 世界の切手になった甲殻類

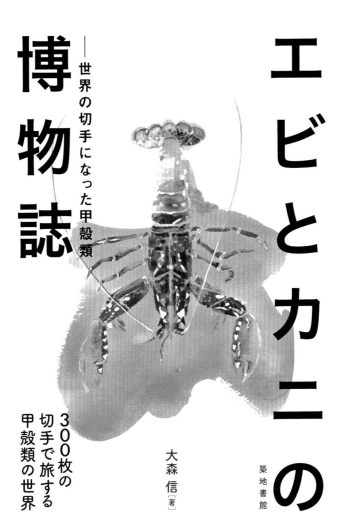

300枚の
切手で旅する
甲殻類の世界

大森 信［著］

築地書館

は　じ　め　に

　甲殻類（甲殻亜門）は動物の世界で最も繁栄している節足動物門の中で、昆虫類に次いで重要な一群である。水生動物としては貝類の次に種類が多く、現在までに7綱7万種以上が知られている[1]。大型のエビやカニは原始の時代から食料源として、ヒトの生活と密接なかかわりをもってきた。おいしくて経済価値が高い水産物だけでなく、美しい色彩や面白い習性をもつものや、海岸でのレジャーで親しまれている種類が多いから、しばしば郵便切手の図柄として使われている。殊に1960年代後半から印刷技術の進歩と相まって、新たに独立した旧植民地や遠隔の大洋島で、切手収集家のためともみられるような多色刷りの切手が次々に発行されるようになって、甲殻類の切手は数を増した。

　パリやアムステルダムでは、日曜日になると街の公園で朝から切手市が開かれる。同好のひとたちが木陰のベンチで話したり、露店に並べられた切手帳を開いたりして静かな休日を過ごしている様子は、人間の歴史のある日常生活だけが醸し出す和やかな風景である。残念ながら、この趣味の文化を見るような雰囲気は日本のどこにもないようだ。オランダのライデンにあるオランダ国立自然史博物館（現、ナチュラリス生物多様性センター）におられた甲殻類分類学の碩学、リプケ・ホルトハウス博士（L. Holthuis, 1921-2008）のコレクションに触発されて甲殻類の切手集めを始めた私は、外国に滞在しているときには、ときどきそんな切手市に出かけて、くつろいだ一時を過ごした。会議で疲れた頭の休養になったし、ちょっぴり土地っ子になったような気分も味わえて楽しかった。

　トピカル（動物や乗り物など図案別の）切手収集の楽しさは図柄の美しさだけでなく、その切手が発行された理由や図柄の背景調べにあるというひとが多い。しかし近年、各国の郵便制度が変わって、切手の発行が公社や民間に委ねられるようになり、そうした国からは、残念ながらその地域とは何の関係もない図柄の切手がしばしば発行されるようになって、郵便切手の品格が下がり、切手が必ずしもその国の生きものや地理や文化を世界に伝えるものではなくなった。それでも集まった切手をあらためて眺めてみると、一枚一枚にその切手を見つけたときの軽い興奮が頭をよぎるし、時にはエビやカニが棲むはるかな

3

海の風や小島に躍る陽光を感じたり、その料理を味わったときをなつかしむことがある。ホルトハウス博士や各国で活躍する甲殻類の研究者と一緒に切手の図柄から種類を判じて書き留めておいたメモを整理して、その中のいくつかの種類について、その生態や私たちの生活とのつながりやそれらに出会ったときの想い出を甲殻類の博物誌というかたちにまとめたのがこの本である。一辺数センチメートルに過ぎない郵便切手が、波立つ大海原や静かな内海や小さなせせらぎに棲む多様ないのちの世界へのいざないとなれば大変うれしい。本書を、長年、一緒に切手集めを楽しんだ亡きホルトハウス博士に捧げる。

＊本書で扱った郵便切手は3種を除き、すべて国際的な郵便ネットワークを統括する国際組織である万国郵便連合（UPU）に加盟している郵便事業体が発行したものと、そうではなくとも中華民国（台湾）の切手のように国際郵便に使用できるものである。また本書では切手に印刷された国名や地域名などを発行年とともにそのまま示した。植民地、属領、委任・信託統治領などについてもそのまま、あるいはわかりやすいように宗主国名をつけて記した。切手の図は見出し的に拡張したものを除いて、ほぼ原寸で示した。

目次

表1. 本書に出てくる甲殻類の科名とそれらの分類体系

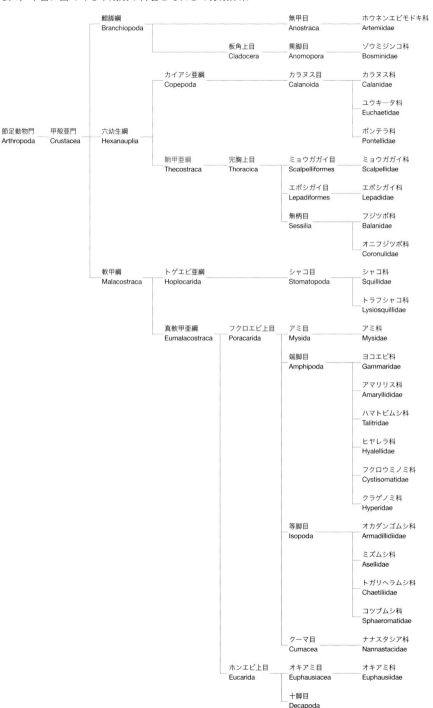

節足動物門 甲殻亜門 鰓脚綱 無甲目 ホウネンエビモドキ科
Arthropoda Crustacea Branchiopoda Anostraca Artemiidae

板角上目 異脚目 ゾウミジンコ科
Cladocera Anomopora Bosminidae

カイアシ亜綱 カラヌス目 カラヌス科
Copepoda Calanoida Calanidae

ユウキータ科
Euchaetidae

ポンテラ科
Pontellidae

六幼生綱
Hexanauplia

鞘甲亜綱 完胸上目 ミョウガガイ目 ミョウガガイ科
Thecostraca Thoracica Scalpelliformes Scalpellidae

エボシガイ目 エボシガイ科
Lepadiformes Lepadidae

無柄目 フジツボ科
Sessilia Balanidae

オニフジツボ科
Coronulidae

軟甲綱 トゲエビ亜綱 シャコ目 シャコ科
Malacostraca Hoplocarida Stomatopoda Squillidae

トラフシャコ科
Lysiosquillidae

真軟甲亜綱 フクロエビ上目 アミ目 アミ科
Eumalacostraca Poracarida Mysida Mysidae

端脚目 ヨコエビ科
Amphipoda Gammaridae

アマリリス科
Amaryllididae

ハマトビムシ科
Talitridae

ヒヤレラ科
Hyalellidae

フクロウミノミ科
Cystisomatidae

クラゲノミ科
Hyperidae

等脚目 オカダンゴムシ科
Isopoda Armadillidiidae

ミズムシ科
Asellidae

トガリヘラムシ科
Chaetiliidae

コツブムシ科
Sphaeromatidae

クーマ目 ナナスタシア科
Cumacea Nannastacidae

ホンエビ上目 オキアミ目 オキアミ科
Eucarida Euphausiacea Euphausiidae

十脚目
Decapoda

表 2. 本書に出てくる十脚目の科名とそれらの分類体系

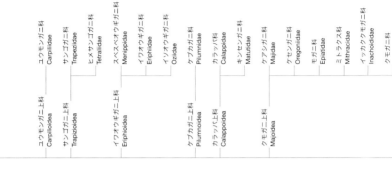

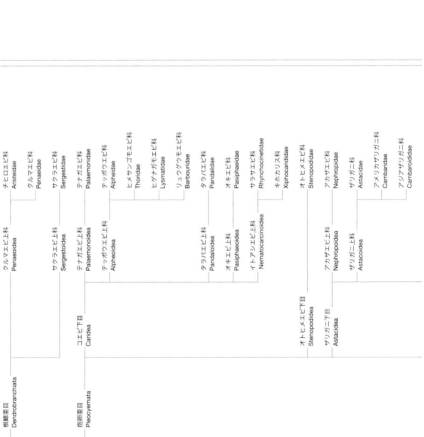

- アナエビ下目 Axiidea
  - エノプロメトプス上科 Enoplometopoidea
    - Enoplometopidae
  - カリキリ科 Callichiridae
- センジュエビ下目 Polychelida
  - センジュエビ科 Polychelidae
  - エリオン科（化石）Eryonidae
- イセエビ下目 Achelata
  - イセエビ上科 Parinuroidea
    - イセエビ科 Palinuridae
    - セミエビ科 Scyllaridae
- 異尾下目 Anomura
  - ヤドカリ上科 Paguroidea
    - ヤドカリ科 Diogenidae
    - ホンヤドカリ科 Paguridae
    - オカヤドカリ科 Coenobitidae
  - タラバガニ上科 Lithodoidea
    - タラバガニ科 Lithodidae
  - コシオリエビ上科 Galatheoidea
    - チュウコシオリエビ科 Munididae
    - コシオリエビ科 Galatheidae
    - シンカイコシオリエビ科 Munidopsidae
    - カニダマシ科 Porcellanidae
- 短尾下目 Brachyura
  - カイカムリ上科 Dromioidea
    - カイカムリ科 Dromiidae
  - アサヒガニ上科 Raninoidea
    - アサヒガニ科 Raninidae
  - オウギガニ上科 Xanthoidea
    - オウギガニ科 Xanthidae
    - パンペウス科 Panopeidae
  - カニ上科 Cancroidea
    - ノコギリガニ科 Cheiragonidae
    - イチョウガニ科 Cancridae
  - ガザミ上科 Portunoidea
    - ガザミ科 Portunidae
    - ヒラツメガニ科 Ovalipidae
    - ミドリガニ科 Carcinidae
    - シワガザミ科 Polybiidae
    - オオエンコウガニ科 Geryonidae
  - コノハナガニ上科 Bythograeoidea
    - コノハナガニ科 Bythograeidae
  - サワガニ上科 Potamoidea
    - サワガニ科 Potamidae
    - シンドテルフューサ科 Pseudothelphusidae
  - イワガニ上科 Grapsoidea
    - イワガニ科 Grapsidae
    - オカガニ科 Gecarcinidae
    - モクズガニ科 Varunidae
    - ベンケイガニ科 Sesarmidae
    - トゲアシガニ科 Percnidae
  - スナガニ上科 Ocypodoidea
    - スナガニ科 Ocypodidae
    - ミナミコメツキガニ科 Mictyridae

★

1. 甲殻類の郵便切手と分類学

　郵便切手に描かれた動物や植物の名前を知ることは、切手を収集する人びと
の楽しみであろうが、実際にはとても大胆で厄介なことである。実物の標本が
あっても、種の同定にはたくさんの文献と専門的な知識が必要だし、多くの場
合は体の特定の部分の詳細な形態や遺伝子を調べなければ本当のところはわか
らない。だから、小さい紙の上に印刷された小さい絵だけから種を見定めよう
というのは極めて乱暴な話である。しかしながら、切手に出てくるような甲殻
類はその地方でよく知られている種が多いし、切手には学名や呼び名が書かれ
ていることも少なくないから、ある程度の手掛かりは得られる。もっとも実際
には学名が違っていたり、名前と図柄とが合っていなかったり、信用のおけな
いものがかなり多いので、図柄から種類を推定するには、その種を見たことが
あるひとの"勘"に頼る方が確かな場合が少なくない。幸い甲殻類の研究者は
世界に散らばっているので、私の見たことのない種の同定には、そのようなひ
とたちに勘を大いに働かせてもらった。
　世界に先駆けて郵便制度を近代化したイギリスは、1840年にビクトリア女
王の肖像を描いた黒色の1ペニー切手を発行した。今日ブラックペニーと呼ば
れる、この世界最初の郵便切手はその後、世界各国で発行された切手のひな型
になった。このため初期の切手にはそれぞれの国の王や君主の肖像を描いたも
のが圧倒的に多い。しかし、やがて肖像以外の図柄が切手に用いられるように
なって、動植物や風景や乗り物の描かれた切手が増えてきた。甲殻類が最初に
切手に現れたのは1871年で、それはロシアの地方郵便で使われたヨーロッパ
アカアシザリガニの図である（80頁参照）。以後2002年までに世界の218の
国・地域や国際機関から、甲殻類の描かれた切手が1,500種以上も発行されて
いる[2, 3]。その中には特定の種類を意味しないエビやカニの図柄で、がん征圧
運動（カニCancerはがんを意味する）のキャンペーン切手や星座や黄道十二
宮（カニ座）を表す切手も含まれるが、最近では毎年10種以上の新顔が加わ
るようになった。
　切手に描かれた甲殻類が属する系統分類学上の科は90以上、種類数は約
350である[2, 3]。そのうち本書で触れた種類の属する科名とそれぞれの分類体

系上の位置関係を表1と表2（P.9〜11）に示した。

2. アルテミア
ホウネンエビモドキ科

Artemia salina
ギリシャ　1988

　アルテミアは鰓脚綱無甲目ホウネンエビモドキ科の属名。1科1属であり、アルテミア・サリナ *Artemia salina* など9種の総称ともなっている。種によってはブラインシュリンプとも呼ばれる体長1センチメートル足らずの小型の甲殻類で、世界各地の塩水湖に生息し、1億年前から変化していない生きている化石生物である。

　乾期などに生息環境が悪化すると、メスは乾燥に耐えて長期にわたって休眠することができる耐久卵を産む。耐久卵は塩分の濃くなった水面に浮いたり、乾燥した湖底に残ったりして、時には数年間も環境の回復を待つことができる。このように耐久卵は保存が利き、約2%の食塩水に入れると1日程度でふ化するため、アルテミアはその耐久卵の生産を目的に採取・養殖され、卵が市販されている。熱帯魚や海水魚の養殖では、仔魚や稚魚の餌料に苦労することが多い。ふ化して間もないアルテミアのノープリウス幼生（1ミリメートル足らず）は、それらの生き餌として重宝されている。かつては主に米国ユタ州のグレートソルト湖とサンフランシスコ湾産の耐久卵が多く用いられてきたが、近年はエビなどの養殖用に安価な中国産、ロシア産、カザフスタン産も利用されている。アルテミア耐久卵の日本の輸入量は年間45トン程度である。

　空を薄紅色に染めて飛翔する様が広く知られているフラミンゴの羽の色は、彼らが飛来する塩水湖に繁殖するアルテミアや藍藻のスピルリナを主食にして

いるからだという説が多い。生まれたときには白いフラミンゴの羽毛が、成長するにつれ薄紅色に染まっていくのは、それらに含まれる色素のβ-カロテンやカンタキサンチンによるものと考えられている。

3. ゾウミジンコ
ゾウミジンコ科

Bosmina (Eubosmina) coregoni
フィンランド　2002

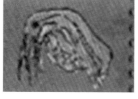

　大阪の大手前高校ではクラブ活動で登山部と生物部に入った。どちらかというと山登りの方に強く魅せられていたのだが、ある日の放課後、校庭の池の水をネットですくって、部室にあった実体顕微鏡でゾウミジンコ *Bosmina longirostris* を観察したときのことは忘れない。私のプランクトンとの最初の出会いであった。ゾウミジンコは頭が下向きで吻が伸び、その先に長い触角がついていて、象の鼻のようにみえる。頭の中央には大きな複眼がひとつだけあって、横向きになって殻の中に収まる胸脚を盛んに動かしていて、丸い背中の育房には同じ形の小さな子供が数匹入っていた。水の中にはこんなにユーモラスで奇妙な形をした生きものがいるのかと、レンズの下でうごめく小動物を眺めて、私はミクロの世界に初めて興味を持った。
　ゾウミジンコ類の繁殖方法は面白い。環境がよければ彼女らの世界はメスば

かりで、単為生殖によって自分のクローンを産み続ける。しかし、水温が急に下がったり、餌が少なくなったり、同類が増えすぎたりして生存しにくくなったときにはメスはオスを産み、交配して子孫を増やす。この有性生殖のときにはメスは耐久卵を産む。耐久卵は乾燥に強く、環境が整うまで長い年月、どこかでじっとふ化を待っていることができる。耐久卵からは、やがてメスがふ化して、再びメスがメスを産む単為生殖が始まる。このように、ゾウミジンコ類は環境の変化に応じて巧みな生殖方法をとることで種を維持してゆく戦略をとっている。ヒトの性別は性染色体で決まることがわかっているが、ゾウミジンコ類の環境による性決定の仕組みはわかっていない。

ボスミナ・コレゴニ Bosmina (Eubosmina) coregoni はゾウミジンコの仲間で、ヨーロッパの北東部の魚が棲む湖沼にごく普通に見られる淡水プランクトンである。体長は0.5～1.5ミリメートル程度、植物プランクトンを第2小顎の刺毛でろ過して食べ、多くの魚類の餌になる。

フィンランドの切手ではコペポーダ（カイアシ類）のユーリテモラ・アフィニス Eurytemora affinis の右側に描かれていて、上の切手に彼らの餌になる植物プランクトンの珪藻類、下方に捕食者の魚類が描かれている。湖沼の中での典型的な食物連鎖の図である。このようにゾウミジンコなどのミジンコ類は淡水の生態系で重要な役割を担っている。ゾウミジンコ類の多くの種は大陸ごとに分かれて分布している。しかし、近年、耐久卵がヒトの活動によって広く運ばれて、それまではいなかった場所でふ化して繁殖している事例がみられるようになった。

4. コペポーダ（カイアシ類）
カラヌス科、ユウキータ科、ポンテラ科

学名のコペポーダ Copepoda は櫂を意味するギリシャ語 kope と脚を意味するギリシャ語 pous の接続形で、多くの種が水中をオールのような遊泳肢を使って泳ぐ、この小さなプランクトンの形態と行動からのネーミングであることが推測できる。カイアシ類は4億年前から進化して全地球に分布を拡げ、海に

も淡水域にも極地から熱帯域まで、海面から水深1万メートルの超深海まで、そして地下水や洞窟や氷河から森林の落ち葉の間や海藻の表面や動物の体表や体内まで、いたるところに植民を続けた。あまりなじみのない小さな生きものだが、カイアシ類は甲殻類の中ではどこにでもいる、最も分布域の広い動物群である。

a. 海のコメ、カラヌス目

Calanus finmarchicus
デンマーク　1984（1.5倍拡大）

　カイアシ類は多くが体長5ミリメートル以下で、プランクトン生活をしている。底生性や寄生性の種類も少なくないが、浮遊性カイアシ類の中での最大勢力で、約2,300種もいるカラヌス目は第2小顎の羽毛状の刺毛で珪藻などの微小な藻類プランクトンを濾しとって食べるものが多い。彼らは植物プランクトンを動物性蛋白質に変え、さらに魚類やヒゲクジラ類の餌になって食物連鎖の上位の動物に栄養を供給している。ほとんどすべての魚類は稚仔のときはカイアシ類なしでは生きられない。イワシやニシンやサケやサンマなどは成魚になってもそれらを餌にしている。

　カラヌス・フィンマルキカス *Calanus finmarchicus* はカイアシ類の中で最も有名な種類である。大西洋北部に広く分布し、ニシンが好んで食べるので、その生物量の増減は北大西洋のニシン漁業の盛衰を決定する鍵になる。デンマークの切手でニシンの群れが口を開いてまさに飲み込もうとしているのがカラヌス・フィンマルキカスである。私が1961年、米国のウッズホール海洋研究所で安楽正照博士の助手になってカイアシ類の摂餌行動の観察を始めたとき、最初に扱ったのもこの種であった。体長4ミリメートルぐらいで米粒のような形である。

ある種のカラヌスは成長の過程で海面近くに巨大な群れを作って漂う。チャールズ・ダーウィン（C. Darwin, 1809-1892）の『ビーグル号航海記』（岩波書店、島地威雄訳）に「ティエルラ デル フェゴ Tierra del Fuego のまわりの海の、陸からあまり遠くない所で、大型のみじんこに似た甲殻類の群による、あざやかな紅い、幅の狭い水の条を見た。あざらしをとる漁夫たちは、それをくじらの餌と呼んでいる」という記述がある。この甲殻類がカラヌスだったかどうかはわからないが、ビーグル号の航海は1831〜36年、今から190年も前に海面に漂う小動物の大集群とそれを餌にするクジラに気がついていたダーウィンの慧眼はさすがと思うばかりである。

　南氷洋でヒゲクジラ類の食性を調査した河村章人博士によると、一頭の体重が60トンにもなるセミクジラや16トンのイワシクジラは体長4ミリメートルぐらいのネオカラヌス・トンサス Neocalanus tonsus を主食にして、一度に数百キログラムも飲み込んでいる。クジラの口に入るネオカラヌスの群れの密度は海水1トン当たり2万匹以上にもなると推定された。体は小さいが、かように海の生態系での浮遊性のカイアシ類の存在意義は大きい。彼らは魚類やヒゲクジラ類ばかりではなく、サクラエビのような遊泳性のエビ類の餌でもある。その巨大な生物量と広大な分布域、そして食物連鎖で果たす重大な役割、カラヌス目カイアシ類はまさに海のコメといえよう。

b. 海は未来への遺産

Pontellina plumata
ポルトガル　1997

Paraeuchaeta antarctica
英領南極地域　1984

　カラヌス目のポンテリーナ・プルマタ *Pontellina plumata* は体長2ミリメートル足らず。熱帯域から温帯域まで、地球をぐるっと取り巻いて、沿岸にも外洋にも見られる超広域分布種である。ポルトガルの大航海者ヴァスコ・ダ・ガ

マがインドに到着した1498年から500年経ったことを記念してリスボンで開かれた万国博覧会 Expo 98（1998年2〜9月）の記念切手に図柄が使われた。博覧会のテーマは「海─未来への遺産」であったが、乱獲とプラスチックをはじめとする汚染物質の流入で海を傷めてしまったヒトは果たして貴重な遺産を未来に残せるだろうか。プラスチックごみの海への流入量は、現在の状況が変わらなければ、2050年には10億トンに達し、海に棲む魚類の全重量（約8億トン）を超えるという推定がある[4]。プラスチックは頑丈で安定した構造のために、溶けることも生物に分解されることもない。海中では数百年消えないゴミとして海底に溜まるだけである。そして砕けて小さくなったマイクロプラスチックは浮遊性カイアシ類やミジンコ類などのろ過食者に取り込まれ、食物連鎖を通じて大型の魚類などの消化管に残るようになる。実験では、マイクロプラスチックの存在する環境では、広範囲の動物種で天然飼料の摂食量が減少している。さらに、実証実験例は少ないが、より小さなナノプラスチック（100ナノメートルかそれ以下の粒子）は、ヒトを含む哺乳類の消化器官だけでなく、循環器系などほかの器官にも移動する可能性があり、環境のみならず、ヒトの健康へ影響が懸念される。かように海の汚染は深刻で、“プラなし”と脱炭素には一刻の猶予も許されない。

　パラユウキータ・アンタークティカ Paraeuchaeta antarctica は体長10ミリメートルほどの大型のカラヌス目で、南極海の浅海に大量に分布していて、空中から水面に飛び込んで餌を獲るミズナギドリ類やアジサシ類などの重要な餌になる。歴史のあるイギリスの南極生物調査を記念して英領南極地域から発行されたこの切手は、観測基地ぐらいしか存在しない南極地域では郵便に使われることは少なく、ほとんどすべてがフォークランド諸島で観光客や切手収集家に売られたと思われる。

　イギリス、フランス、オーストラリア、ニュージーランドはそれぞれの国家による探検の成果などを理由に、それぞれの主張する地域を重ならないように調整したうえで相互に南極地域の領有権を承認しあっている。この領有権は1959年に締約された南極条約の第4条により、すべて凍結されて今日に至っているが、凍結のままであって放棄・否定されたわけではないから、これらの国は今日も南極地域の切手を継続的に発行している。もっとも、自国の本土でも使用できるオーストラリアを除けば、いずれの切手も南極地域でしか使えな

いから、実際の郵便事業での使用例は少ない。

5. カメノテとエボシガイ
ミョウガガイ科、エボシガイ科

　外洋に面した波の荒い岩場を歩いたら、うろこに身を包んだ三角形の爪のような生きものが高潮線あたりの岩の割れ目に群がってしっかりくっついているのに気がつくだろう。これがカメノテである。周りの岩の上面にはエボシガイや大小のフジツボがびっしりとついているかもしれない。これらの動物が移動力を失った甲殻類の仲間だとわかったのはそれほど古いことではない。

　エビやカニの遠縁といっても、岩についた体には複眼も体節もないし、体は甲殻が変形した外套に包まれて石灰質の殻で保護されているから、首を傾げるひとが多いだろう。実際これらの動物は 200 年ほど前までは軟体動物の一種と考えられていた。有名な分類学者のカール・フォン・リンネ（C. von Linné, 1707-1778）は、さすがにこれらが貝の仲間でないことを見破っていたが、だからと言って何の類かはわからなかった。1768 年に近縁のエボシガイの第一期幼生がノープリウスであることが判明し、1830 年に至ってカメノテも幼生の変態が明らかにされて、ようやく甲殻類であることが認められたのである（コラム 2 参照）。

　カメノテもエボシガイもフジツボも、干潮のときは殻をしっかり閉じて体内の水分の蒸発を防いでいるが、潮が満ちて体が水につかると、殻を開いて蔓のような脚を伸ばして水流を起こして餌を集める。この奇妙な形の脚は胸脚が変形したものだが、このために彼らは蔓脚類というグループに分類されている。

Pollicipes pollicipes
セネガル　1968

20

カメノテは一見グロテスクなうろこに見える柄の部分がスペインやイタリアでは食用にされ、わが国でも四国の宇和島や和歌山ではまるのまま味噌汁の具に使われることがある。塩茹でにすると柄の部分がきれいに剝けて、中身の味や香りはエビに似てなかなかおいしいから、リンネがもしカメノテを食べていたら、蔓脚類が甲殻類の仲間と気づいたかも知れない。私も前に三陸の臨海実験所の岩場で採った新鮮なカメノテを茹でてビールのつまみにしたら仲間たちに好評だった。

スペインのガルシア地方でのカメノテの採取を YouTube で見たことがある。全身をウエットスーツで覆った屈強な男たちがロープ一本で荒波の打ちつける垂直に近い断崖にぶら下がり、波にもまれながら、ペルセベイロと呼ばれるカメノテの一種ポリシペス・ポリシペス *Pollicipes pollicipes* を、鉄製の大きなヘラを使って岩からはがす作業はまさに命がけの光景だった。高級食材とされるわけだ。爪の先端までの大きさは 8 センチメートル前後。イベリア半島の辺りでは新石器時代（紀元前 6000 年頃）の遺跡から当時この種が食用にされていた痕跡が見つかっている。

エボシガイ
セネガル　1986

Lepas（Anatifa）australis
英領フォークランド諸島　1994

エボシガイ *Lepas (Anatifa) anatifera* は流木などの漂流物や船底に集団で付着して、全世界の海に広く分布している。海岸を歩いて、打ち上げられた漂流物に無数の白い三角形の殻板が付着しているのを見たひとは多いだろう。流木や軽石やプラスチックばかりかウミガメの甲羅にも付着することはよく知られているが、アメリカワニの背で成長している例もある。体は 5 枚の白い殻板に覆われた頭状部と、殻板のない柄部からなる。頭状部の大きさは 2〜5 センチ

メートル程度、殻板の中には、ほかの蔓脚類と同じように蔓のような胸脚がある。柄部の長さは 10 センチメートルを超えることもあり、時には 30 センチメートルほどにも伸びる。

　レパス・オウストラリス *Lepas (Anatifa) australis* は主に南半球の海岸の岩場や漂流物に付着しているが、ハワイやバハマ諸島でも見つかっている。ガラス瓶や流れ藻や木材など、なんでも付着場所にするから、それがミナミゾウアザラシの背から見つかったという報告を読んでもさほど驚かない[5]。頭状部の大きさは 5 センチメートル以下である。

コラム 1　切手を集める

　切手を収集するという趣味は 1860 年代にヨーロッパで始まり、イギリス王室をはじめ各国の国王や著名人によるコレクションに発展した結果、人びとの趣味が今日のように多様化するまでは趣味の王様（King of hobbies）といわれるほど盛んになった。切手収集家は世界中に広がり、郵趣（Philately）という言葉がフランス人収集家ゲオルグ・エルパン（G. Herpin）によって考案された。これはギリシア語の Philos（〜を愛する）と atelia（支払い済みで免税のもの、即ち使用済の郵便切手）をつなぎ合わせた造語で、収集家は Philatelist と呼ばれている。

　切手のことは、基本的な分類を行っているカタログから情報を集めるのが一般的である。カタログには世界中の切手を扱った「スコット」（米国）や「ギボンズ」（英国）、「イベール」（フランス）、「ミッヘル」（ドイツ）などのほか、特定の国や地域や、鉄道や動物などというテーマ別のカタログがさまざまな出版社や切手商などから発行されている。カタログには切手の図版および名称や発行日、図柄の説明や目打数（つながっている切手を切り離すために周囲に入れられる連続した小穴の数）や版式などのデータに加え、市場での評価が記載されている。「スコット」や「ギボン

ズ」のようなカタログは毎年改訂され、新しく発行された切手が加えられて、数冊の分冊で出版されている。これらは東京都豊島区目白にある「切手の博物館」（一般財団法人水原フィラテリー財団）の図書室などで閲覧できる。

切手を集めるには同好の収集家と情報を交換したり（日本には水産切手の会とか鉄道切手の会とかのサークルがある）、雑誌「郵趣」（公益財団法人日本郵趣協会）で新切手の発行を知って切手商から購入したり、外国の知人にその地の切手を買ってもらったり、ときどき開かれる切手市で求める切手を探したりする。最近はインターネットを通じて世界の切手商がそれぞれ扱っている切手を紹介しているので、欲しい切手をオンラインで探したり購入したりすることができるようになった。

切手収集の範囲は国別やテーマ別が多い。国別の収集は特定の国家や地域の切手のみを集めるもので、年代を限っているひともいる。テーマ別は特定の分野に関係する図柄をもとにした収集である。ただし、それらの収集家を相手に、実際にはほとんど使われることのない切手が発行されていることも考えねばならないだろう。アラブ土侯国や一部の小国では、国と切手商が手を組んで、それらの国とは関係がなさそうなさまざまな図柄の切手が発行されている。これらの切手は発行された土地での郵便事情をほとんど無視しており、収集家のためだけに売られているといってもよい。

6. フジツボ
フジツボ科、オニフジツボ科

蔓脚類はほとんどが雌雄同体で、一つの個体にオスとメス両方の生殖器官が見られるが、自家受精をほとんどしないとされている。動けないのにどうして交尾ができるのか、鍵は大変立派な交尾器にある。蔓脚類の交尾器は体の2～3倍にも伸びるから、その図体と比べるとおそらく動物界で一番立派なペニスの持ち主といえるだろう。夏になると、この長いのを出して隣の仲間と交わる

のである。もっとも、届く範囲は限られているから、彼らは殻と殻を接して群がって生活しなければならない。卵は生まれると親の外套腔で発達し、ふ化してノープリウスになって水中で浮遊生活を始めるが、やがて次のキプリス幼生で適当な場所を見つけたら触角でしっかり岩や石に取りつき、そのつけ根からセメント質を分泌して、くっついてしまう。

a. タテジマフジツボ

タテジマフジツボ
アンゴラ　1998

フジツボの一種
オランダ　1967

　タテジマフジツボ *Amphibalanus amphitrite* も人間活動によって世界中に分布を拡げたフジツボで、日本で最初に見つかったのは相模湾で 1935 年のことだった。インド洋か西南太平洋の熱帯域から日本の海岸に分布を拡げてからは全国各地の内湾域の岩礁に付着して繁殖し、発電所の導水路や導水管の内側などを覆って大きな被害をもたらしている。殻径は 1～1.5 センチメートル。この種は淡水の中でも生存し、地上でも 1ヶ月近く生きるほど生命力が強いので、船体への付着によって容易に遠方に運ばれたと思われる。熱帯域では年中産卵し、一回の産卵で数千匹の幼生が育つので、船に取り込まれたバラスト水とともにさらに分布を拡げた。

　タテジマフジツボは小さいので、食用とはされていない。しかし、同じフジツボの仲間でも、大型種のミネフジツボ *Balanus rostratus* は"つぼがき"と呼ばれて食用になり、青森あたりの居酒屋では殻ごと塩茹でにするか蒸したものが出てきて、殻の中の少量の身を味わうことができる。

b. フジツボを食べる

Austromegabalanus psittacus
チリ　1991

　チリにはピコロコと呼ばれる、直径が 10〜12 センチメートルくらいもある巨大なフジツボ、オウストロメガバラヌス・シツタカス *Austromegabalanus psittacus* がいる。首都のサンチャゴの魚市場では一つが握りこぶしぐらいあるピコロコが何十個も白いタイルの上に積んで売られていた。生きているから、ときどき体を包む石灰質の周殻の中央からカニのハサミのように見える蓋板を出したり引っ込めたりしている。店ではピコロコを大鍋で塩茹でもしていた。頼むと、ちょっと汚れたエプロンをつけたおやじが茹であがった5つほどを鍋から取り出し、蓋板を引っ張って白い中身を出して、皿にのせてテーブルに置いてくれた。湯気の立っているのにレモンをかけて、立ち食いで、おやじと同じように指で蓋板をつまんで中身をまるのまま下から頬ばった。カニを食べているような味だったが、パンもサラダもスープもなし。ピコロコだけの食事は異国ならではの経験だった。

　波音の聞こえるチロエ島の海岸のレストランでは、パイラ・マリーナと呼ばれる、ピコロコが入った一種のブイヤベースを食べた。魚介類のうまみにスパイスが効いたチリの伝統的な家庭料理ということで、地酒のピスコサワーとの相性がよかった。

c. クジラに付くフジツボ

　大海を泳ぐクジラ類にはフジツボ類が寄生している。ザトウクジラの背や頭には直径5センチメートルもあるオニフジツボ *Coronula diadema* が白いこぶのように群生していることがあるし、北太平洋の沿岸を泳ぐコククジラの表皮には無数のハイザラフジツボ *Cryptolepas rhachianecti* がしっかりと付いてい

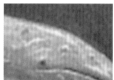

ハイザラフジツボとコククジラ
モルディブ　1995

る。直径3センチメートルぐらいのフジツボだが、体長13メートル、重さ25トンにもおよぶコククジラ1頭に付着しているハイザラフジツボの総重量は数百キログラムにもなるだろうと推定されている。コククジラが礫^{れき}の多い浅瀬で、ときどき体を海底にすりつける泳ぎをするのは、フジツボを落とすためらしい。コククジラから放たれたハイザラフジツボの幼生はどのようにして別のコククジラの表皮にたどり着くのだろう。

7. シャコの仲間
シャコ科、トラフシャコ科

Squilla mantis
モロッコ　1965

トラフシャコ
ウォリス・フツナ（仏海外準県）　1981

　エビにちょっと似ているけれど、付属肢にハサミを持たず、第2顎脚がカマキリの鎌に似た捕脚になっているし、歩脚は3対しかない。甲が小さくて胸部

第4節までしか覆っていない。腹部は扁平で、最後の節は尾肢と合わせて大きいシャベル型の尾扇になっていて、これで泥底に穴を掘ったり、素早く後方に移動したりする。こんな特徴があるためにシャコ類はエビやカニとは別の、シャコ目というグループに分類されていて、系統的にもかなり遠いことがわかっている。

今でこそ、すしだねとして高級食材のように扱われているが、少し前まではシャコは一般に下等なものとされ、漁家の子供がおやつ代わりに食べる程度であった。石炭の匂いのする小樽の街の港に続く通りで、ガサエビと称されて売られていたが、誰も買ってはいなかった情景を思い出す。

シャコは昼間、泥底の穴の中に潜んでいるが、夜になると金色に光る眼を動かして餌を求めて歩き回り、小魚やカニなどが近づくと捕脚を伸ばして一瞬で捕まえる。鎌の刃は鋭く、カニの硬い甲羅や二枚貝の殻でさえもずぶりと刺し貫くほどの力がある。尾のパンチ力もすごい。生きたまま薄いガラス瓶なんかに入れておいたら一撃でガラスを破って外に飛び出すだろう。

英語ではマンティスシュリンプと呼ぶ。マンティスとはカマキリのことだが、夜間、海底で、手当たり次第に刃物を振り回すところはさしずめ暗黒街の通り魔という感じである。しかし、シャコの母親はやさしい。初夏、一匹のメスが5万〜6万個の卵を産み、ひとまとめにして、ふ化するまで3対の歩脚でしっかり抱えて護っている。卵塊は直径5〜6センチメートルにもなるが、母シャコは網にかかって引き上げられても、この卵塊を離さない。だからシャコは口のあたりから卵を産むと思い込んでいる漁師がたまにいる。

日本のシャコ類の代表はシャコ *Oratosquilla oratoria* で、東京湾、三河湾、瀬戸内海、有明海などが漁場である。特に東京湾でたくさん獲れ、今でも横浜の子安沖や千葉の姉ヶ崎あたりで一年中漁獲されている。そして、生きているまま煮えたぎった大釜で短時間茹で上げ、冷やしてから頭を取り除き、殻の両側をハサミで切り取って、殻をはがして剝き身にする。

シャコの寿命は3〜4年。3年ぐらいで体長約15センチメートルになって産卵するが、成熟した卵巣卵を持つ産卵直前のメスは子持ちと呼ばれて、こりこりした歯当たりがすし通に喜ばれている。だから、シャコがうまいのは子持ちの獲れる春から初夏の頃とされている。

スキラ・マンティス *Squilla mantis* は体長15〜20センチメートルぐらいの

黄色のシャコで、尾扇に一対の栗色の大きい円紋があるのが特徴である。地中海から南ヨーロッパの大西洋岸、さらにモロッコからアンゴラ南部までのアフリカ沿岸の浅瀬から水深 120 メートルぐらいまでに棲んでいる。底引網や底刺網で漁獲し、イタリアでは年間 4,000 トンぐらいの水揚げがある。

　トラフシャコ *Lysiosquilla maculata* はインド・西太平洋に分布する大型の種で、全体に幅広い黒の横縞があるのが特徴。最大は体長 30 センチメートルに達し、わが国では紀州以南にみられ、沖縄で食用にされている。

8. アミの仲間
アミ科

Antarctomysis maxima
英領南極地域　1984

Mysis relicta（右）と *Saduria entomon*（左）
フィンランド領オーレンド　1997

　アミは小型のエビ類やオキアミ類と似ているが分類学上異なるグループ（アミ目）に属する。エビ類と違って、胸肢の先がハサミ状にならない。また、尾肢内肢に一対の平衡胞と呼ばれる球状の器官があることとメスが頭胸部に育房を持つことで、ほかの甲殻類と容易に識別できる。

　アミといえば佃煮を思うひとが多いだろう。霞ケ浦で獲れるクロイサザアミ *Neomysis awatschensis* の佃煮はよく知られている。アミ類の大部分は海産だが、一部の種は汽水域や湖沼にも生息する。クロイサザアミのように、かなり塩分濃度の低い環境にも適応した種や純淡水産の種もいるが、湖沼への出現はかつて海とつながっていた海跡湖に限られる。アミ類の大部分は海産で、海跡湖に棲むアミ類は、もともと棲んでいた水域が海から切り離されて淡水化して

いく環境の変化に適応して生き残ったもので、生態的遺存種とも呼ばれる。砂浜や藻場・干潟などに非常な高密度で分布することがあり、魚類や鳥類などの餌としても重要で、生態系の中で大きな役割を果たす。例えば、稚魚期のヒラメはアミ類を主な餌としており、アミ類の生物量によって成長が異なることが知られている。わが国ではアミ類は霞ケ浦のほか、有明海や北海道の厚岸湖や能取湖でも漁獲されている。

アンタークトミシス・マキシマ *Antarctomysis maxima* は南極周辺に群れる体長3〜7センチメートルの大型のアミ。フィンランド領オーレンドの切手にはミシス・レリクタ *Mysis relicta* が出ている。北ヨーロッパの湖やバルト海の汽水域に分布する体長2.5センチメートルぐらいのアミである。湖水に棲むマス類の重要な餌であり、そこでの食物連鎖で重要な役割を果たしている。左隣はトガリヘラムシの仲間のサドゥリア・エントモン *Saduria entomon*。北極海と北太平洋の沿岸、そして氷河遺跡と考えられているバルト海の汽水域や北ヨーロッパの多くの湖に見られる底生の等脚類である。

9. クーマの仲間
ナナスタシア科

Cumella limicola
ブルガリア　1996

クーマ類はあまりなじみのない甲殻類の一グループだが、全世界の海に1,300種以上が分布し、種類によって波打ち際から水深7,000メートル以上の深海まで棲み分けている。昼は海底に潜みながらデトリタス（生物遺骸）などを摂食し、夜間、水中を遊泳するものが多い。メスは交尾後に産卵し、受精卵

はメスの育児嚢の中で保護され、幼生はマンカ幼生という形態から親を離れて単独生活に移る。体長はほとんどが数ミリメートル程度だが、日本の最大種は体長 2 センチメートルに達するヒラオクーマ *Cumopsis sarsi* で、これは西日本沿岸からインド・太平洋暖海域に広く分布している。

クーマ類の中で唯一切手となっているクメラ・リミコラ *Cumella limicola* は地中海や黒海の、主に 50 メートル以浅で見られる種類である。

10. 等脚類
オカダンゴムシ科、ミズムシ科、トガリヘラムシ科、コツブムシ科

甲殻類にしては珍しく「虫」扱いとされ、オカダンゴムシ *Armadillidium vulgare* やワラジムシ *Porcellio scaber* のように完全な陸生の種類がいる。多くの種の体は扁平で楕円形である。胸部の裏面にある 7 対の脚は左右大きく離れて並び、メスは育房で卵と幼生を保護する。海辺の岩場や堤防のコンクリートの壁面に群れをなして素早く走り回っているフナムシ *Ligia exotica* や深海底で魚の死骸に群がり、刺網にかかった魚を食べるので漁師に嫌われている、体長 10～15 センチメートルのオオグソクムシ *Bathynomus doederleinii* も同じ

Armadillidium tabacarui
ルーマニア　1993

Glyptonotus antarcticus
英領フォークランド諸島　1984

Monolistra spinosissima
スロベニア　1993

Asellus aquaticus
ブルガリア　1996

仲間だ。

　ダンゴムシの仲間は家の周りや公園や畑など、どこにでもいるから理科の
教材になったり、子供向けの絵本に出てきたりすることが多いが、彼らが甲
殻類の仲間というと、知らなかったと驚くひとが少なくない。180種近くが
知られ、世界中に分布を拡げた種もあるが、多くの種は狭く限られた区域の
固有種である。アルマデリディウム・タバカルイ *Armadillidium tabacarui* は
ルーマニアの硫黄窟で発見されたオカダンゴムシの仲間。南極海の潮間帯か
ら水深600メートルまでにみられるグリプトノタス・アンタークティカス
Glyptonotus antarcticus はトガリヘラムシの仲間、体長10センチメートルに
もなる大型種で、目立たない体色だが、飼育しやすいので世界中の水族館に展
示されている。モノリストラ・スピノシシマ *Monolistra spinosissima* はコツ
ブムシの仲間で、これもスロベニアの洞窟の淡水溜まりだけに分布が限られ
る。アセルス・アクアチカス *Asellus aquaticus* はミズムシ科の仲間で、ヨー
ロッパや北米の温帯域に普通にみられ、体長は4〜7ミリメートルで、容易に
増やせるので、水族館では魚類の飼料にも使われている。

11. 端脚類

ヨコエビ科、アマリリス科、ハマトビムシ科、ヒヤレラ科、フクロウミノミ科、クラゲノミ科

Amaryllis philatelica
オーストラリア　1984

Gammarus arduus
ブルガリア　1996

　端脚類にはヨコエビ、ハマトビムシ、フクロウミノミ、クラゲノミなどが含まれる。その体は側扁し、頭部と7つの胸節と3つの腹節および3つの尾節からなる。多様な習性とともに形態の変異も著しく多様だが、基本的には2対の触角、1対の複眼、7対の胸肢、3対の尾肢を持つ。多くの種の卵はメスの覆卵葉の中でふ化するまで保護され、子は成体と同じような体になってから親から離れるので、幼生期はない。体長0.5〜2センチメートルの種が多いが、水深6,000メートルより深い超深海岸からは30センチメートル近い巨大な種（アリセラ・ギガンテア *Alicella gigantea*）も採集されている。世界で1万種以上が知られる。ほとんどが海産であるが、陸上に暮らすものも2,000種ほどいて、湿地、河川、湖沼、地下水などに生息している。

　赤いヨコエビはアマリリス・フィラテリカ *Amaryllis philatelica*。オーストラリア南部の水深75メートルまでの浅海のソフトコーラルやカイメンの上に棲んでいる。体長約2センチメートル、多分サンゴのポリプなどを食べているのだろう。ガンマルス・アードュス *Gammarus arduus* はヨーロッパ南東部のブルガリア、ルーマニア、ギリシャ、トルコの平坦地を流れる河川に見られる体長15ミリメートルぐらいの淡水産のヨコエビ。水草の密生した静かな流れに多い。

a. ハマトビムシとフクロウミノミとクラゲノミ

Orchestia gammarellus
セネガル　1989

システィゾマ属の一種
米国　2000

ミナミウミノミ
英領南極地域　1984

　砂浜で遊んでいると、体長5ミリメートルぐらいのハマトビムシの類をよく見かける。砂浜に打ち上げられて乾きかけた海藻やゴミを持ち上げると、ぱらぱらと砂の上に落ちてくるだろう。よくみると丸まったエビのような形をしている。オルケスティア・ガンマレルス *Orchestia gammarellus* は北ヨーロッパから地中海や南西アフリカの砂浜でよく見られる、体長1センチメートル程度のハマトビムシの仲間である。近年、海岸に捨てられたプラスチックごみを細かくかじってマイクロプラスチックに変えるハマトビムシ類の働きが、海のプラスチック汚染問題の中で注目されている[(6)]。

　ヨコエビ類やハマトビムシ類の多くは底生性で目が小さいが、海の中層で浮遊生活をしているフクロウミノミ類やクラゲノミ類の目は非常に大きい。彼らの中にはオオタルマワシ *Phronima sedentaria*（タルマワシ科）のようにクラゲやサルパ類（ホヤの仲間）に攔まって移動したり、サルパの中身を食べて、空いた空間に卵を産んで子育てをしたりするものがいる。米国の切手に出ているフクロウミノミの仲間のシスティゾマ *Cystisoma* の一種もサルパの中に卵

を産みつけて、それを保育器にしているらしい。システィゾマはガラスでつく
られたような生きもので、体長 15 センチメートルにもなる。水深 1,000 メー
トルぐらいまでの薄明層に暮らしているが、体はほぼ透明で、しかも体表は光
を反射しないので、捕食魚に見つかりにくい。

　クラゲノミの仲間のミナミウミノミ Themisto gaudichaudii は水中をかなり
のスピードで泳ぎ回り、カイアシ類などをとらえて食べる典型的な肉食性動
物プランクトンである。彼らは北半球ではサケ・マスや海鳥類の餌になってお
り、南半球ではイワシクジラやペンギンやミズナギドリの餌になる。ミナミウ
ミノミの体長は 1〜2 センチメートル、南氷洋ではカイアシ類とオキアミ類に
次いで生物量が豊かで、しばしば水面に大集群を形成していることが報告され
ている。

クラゲノミ属の一種
バミューダ　2003

ライトで海中を照らす潜水球バチスフィア
バミューダ　2003

　バミューダ海洋生物研究所（1903 年創設）の 100 周年記念切手にもクラゲ
ノミ類の一種が描かれている。バミューダといえば、直径 1.45 メートルの潜
水球バチスフィアで人類最初の深海に下り、そこに見られる生きものを観察し
報告したウィリアム・ビービ（W. Beebe, 1877-1962）の冒険が想われる。彼は
1930 年から 1934 年にわたってバミューダ島を基地にして、ワイヤーロープで
吊り下げられた潜水球バチスフィアに入って 35 回も周辺の深海に潜った。史
上初めて到達した深海は水深 1,000 メートル足らずであったが、今でいえば人
類の月面着陸のような偉業で、彼の記録は科学者だけでなく、当時の世界中の
人びとの注目を浴びて、深海生物研究の発端にもなった。

b. 温泉に棲むヨコエビ、アチチ君

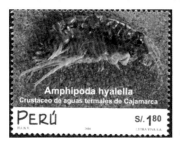

ヒヤレラ属の一種
ペルー　2001

　ペルー北部、首都リマから空路１時間半の、アンデス山脈の山々に囲まれた盆地にあるカハマルカ市の標高は 2,700 メートル、植民地時代の面影を濃く残し、インカ帝国最後の皇帝アタワルパがフランシスコ・ピサロによって幽閉されて最期をむかえた地としても知られる。その市街から約６キロメートル離れたところにバーニョス・デル・インカ「インカの温泉」がある。源泉（78℃）の湯を冷ますために戸外に浅い温泉プールが作られていて、そのプールや温泉水の小さな流れの中に、極限の環境に生息するヒヤレラ属 *Hyalella* のヨコエビがいた。発見者の川崎義巳氏（NPO 法人健康と温泉フォーラム）によれば、体長２〜５ミリメートルのヨコエビは 40〜50℃ の温泉プールの底に群れて泳ぎ回っていた。群れの活動は、早朝、温泉の温度が 35〜40℃ に下がったときには鈍ったが、日中、温度が上がると盛んになった。川崎氏らはこの種に土地のケチャ語で「熱い」を意味するアチチ君（Ah-Ch-Ch）と名づけ、2000 年１月、現地で採集した約 100 匹を特製の高温飼育容器（760 ミリリットル容）に入れて日本に運び、静岡県の天城湯ヶ島町で開催された「世界温泉ミュージアム＆メッセ」に展示して注目を集めた。飼育水の温度は 41℃ だったものが、日本に到着したときには 32℃ になっていたがアチチ君は健在で、伊豆大仁温泉の温泉水（35〜45℃）に移した後も２ヶ月間、生きていた[7]。

　高温耐性の強い動物として最もよく知られているのは深海の熱水噴出孔の周りに棲むチューブワーム（ハオリムシ）である。チューブワームは棲管の内部が 80℃ 近くなるチューブ（棲管）に棲むゴカイの仲間だが、生体を研究室に運んで耐性を調べてみたら、体全体を 54℃ にすると耐えられずに死ぬことがわかった。おそらくアチチ君はポンペイワームに次ぐ高温耐性の持ち主であろう。

アチチ君はペルーの切手の図柄にもなったし、今日では YouTube の動画（https://www.youtube.com/watch?v=1MtLSP1PBtE）でも見ることができるが、依然として詳細な研究がなされていないので、種名が不明なままである。

12. オキアミの仲間
オキアミ科

　オキアミの仲間はエビ類（十脚類）やアミ類によく似ているが、8 対の胸脚はその刺毛で食物となる粒子を取り込む籠状のトラップを形づくって、粒子をろ過するのに使われ、それらの基部についている樹枝状の鰓が甲の外に露出していることによってエビ類とは区別され、また頭胸部全体が甲で覆われていることと尾部に平衡胞のないことによってアミ類から区別される。

　すべての種が海産で、その大部分が外洋の表層から中深層を遊泳して生活する大型動物プランクトン（マイクロネクトン）である。85 種類程度が知られ、昼間は中深層に下降し、夜間は表層に浮上する日周鉛直移動をするものが多い。メスは直接海中に放卵し、ふ化したノープリウス幼生は脱皮と変態を繰り返して成長し、成熟までに 1〜3 年を要する。

a. ナンキョクオキアミ

ナンキョクオキアミ
英領サウスジョージア
1963

ナンキョクオキアミ
ポーランド　1987

白い大陸を取り囲む南極海は地図上では太平洋、大西洋、インド洋に面しているが、実際には海流系と水塊によってほかの海から独立した存在である。そこでは表層近くの海流が南極大陸の近くで西向きに、また沖合では逆に東向きに還流していて、大陸を中心に同心円的に同じような水塊が形成される。水温は常に2℃以下、北の温暖な水塊との間には不連続面ができ、冷たい南極表層水はこの面に沿って沈降するから容易に混じらない。南極海の面積は約3,000万平方キロメートルあって、冬の間はその半分が氷に覆われている。

　11月、長い吹雪とブリザードの冬が終わって、極寒の海に短い夏が訪れると、極海の生きものたちは一斉に活動を始める。明るくなった日差しと栄養塩類の供給によって珪藻類を主とした植物プランクトンが繁殖し、次いでこれらの藻類を食べてカイアシ類やオキアミ類の動物プランクトンが増える。そして、これらを餌にしてヒゲクジラやペンギンや氷の下の魚類が育つ。このように、南極海の生物は比較的単純な食物連鎖でつながっている。この生態系の中で最も重要なのがナンキョクオキアミ *Euphausia superba* である。

ナンキョクオキアミを
食べるアデリーペンギン
豪領南極地域　1973

ナンキョクオキアミ
ソ連　1990

ナンキョクオキアミ
ニュージーランド領ロス海　2013

　ナンキョクオキアミはオキアミの仲間では大型で、体長は5〜6センチメートルに達する。南極海の夏が繁殖期で、この頃には南緯60度から氷縁域の海面にあちこちが暗褐色に染まるほどの濃密な群れを作って現れる。群れの密度は1立方メートル当たり1万〜3万匹に達する。水中に放たれた卵はいったん1,000メートル以上も沈んでノープリウス幼生がふ化し、成長に伴って次第に上昇して2〜4年で成熟する。ナンキョクオキアミを餌にする生物は多い。ヒゲクジラやペンギンやカモメ・アジサシ類に食べられる量だけでも1年間でざ

っと３億トンぐらいと試算されているから、その資源量は莫大で、１億2,500万トンから７億2,500万トンと見積もられている。世界の海面漁業による漁獲量は現在年間約9,000万トン程度だからいかにナンキョクオキアミの資源量が大きいかがわかるだろう。

　1984年１月、私は東京水産大学（現、東京海洋大学）の海鷹丸に乗船して、氷山の浮かぶ南極海でナンキョクオキアミの調査をした。オーストラリアから東経120度線を南下した南極大陸のウィルクスランド沖（南緯63度付近）の調査水域では夜が短く、午前２時には東の空が明るくなった。そしてナンキョクオキアミは午後８〜12時頃に薄暗い海面をレンガ色に染める大集群となって現れることが多かった。霧の中に浮かぶ巨大で白い氷山の下の棚には、ナンキョクオキアミを食べるアデリーペンギンが数十羽並んで立っていた。ナンキョクオキアミは植物プランクトンの多い夏の間も常に餌を求めていて、藻類だけでない多種多様な生物を餌料として利用していることが調査で明らかになった。船上実験では彼らが共食いをすることや、餌のまったくない状態で40日以上生存できることも判明した。

　いろいろなナンキョクオキアミの料理法が考案されているけれど、食料としての人気はあまりない。栄養価は評価されても、それほどおいしくないからである。エビ類が一般に動物食であるのにナンキョクオキアミは藻食性で、夏の間植物プランクトンで消化管を充たしているので、まるのまま口に入れたときの香りがよくないことが原因かもしれない。独特の油臭さもある。動物蛋白資源の開発ということで、日本やロシアやポーランドの漁船がナンキョクオキアミの漁獲を始めたものの食卓からは敬遠されて、現在は主に、冷凍品が養魚用餌料や釣りの餌に使われているほか、オメガ３系脂肪酸（DHA・EPA）やリン脂質を豊富に含むクリルオイルに加工され、サプリメントとして販売されている。

b. 北の海のオキアミ

　ナンキョクオキアミほど大きくはないが、北半球にも表層に大きな群れを作って、魚類やイカ類やヒゲクジラや海鳥たちの餌になり、海の生態系の重要な役割を果たしているオキアミ類が数種いる。北大西洋のメガニクティファネス・ノルベジカ *Meganyctiphanes norvegica* はその代表である。体長５センチ

Meganyctiphanes norvegica
グリーンランド　2001

メートル足らずの、この北の海のオキアミは、明るい日中は水深100〜400メ
ートルを遊泳し、夜間表層に大群となって現れる。彼らの餌料は春から夏にか
けては植物プランクトン、秋と冬は主にカイアシ類である。三陸沿岸では春先
に出現するツノナシオキアミ *Euphausia pacifica* をイサダあるいはアミエビと
呼んで、明け方沖に出て群れを探して、船首に取りつけた網ですくって漁獲
し、冷凍あるいは煮干しにして養鱒の餌料や養鶏の飼料、また釣りの撒き餌と
して利用している。年間の漁獲量は1万5,000トンにおよぶ。

13. カニのゾエア幼生とカルロス1世

カニのゾエア幼生とカルロス1世
ポルトガル　1996

　初期の顕微鏡とカニのゾエア幼生を背景にしたポルトガルの国王カルロス
1世（1863-1908）の切手は、1996年にポルトガルの海洋科学の100年の発展
を記念して発行されたものである。この年の2月、記念式典と国際シンポジウ
ムがカスカイスで催され、主催者側の一人で魚類学者のサルダーナ教授から招

かれた私はシンポジウムで講演し、モナコ公国のアルベール2世や海洋探検家のクストー氏と言葉を交わす稀有な機会を得た。カルロス1世は1908年2月暴徒の銃撃によって44歳で非業の死を遂げたが、生前はポルトガルの海洋科学の絶大なパトロン（後援者）であり、自身も深海生物に興味を持って、しばしば調査船に乗り込んだ。切手の船は国王が調査に提供したアメリカ号であろう。

ケブカガニ属の一種のゾエア幼生
ポルトガル　1998

クリスマスアカガニの後期幼生（メガロパ）と幼体
クリスマス島　1984

ヒメセミエビ属の一種の後期幼生（フィロゾーマ）
ポルトガル　1997

　カニ類は胚でゾエア期まで育ってからふ化するものが多い。ゾエア期の次はメガロパ期である。ゾエアとかメガロパとかいう名前は、もともと親とのつながりがわかる前に幼生が発見され、種として独自に命名されたことがもとになった。そのような例にはオキアミ類のカリプトピス期（ゾエア前期）やフルシリア期（ゾエア後期）、蔓脚類のキプリス期、異尾類のグラウコトエ期やグリモテア期、サクラエビ類のエラフォカリス期、アカントゾーマ期、イセエビ類のフィロゾーマ期とプエルルス期などがある。また、いまだに幼生しか発見されていない動物もある。現在では齢期の相同性をわかりやすくするということで、ゾエア期と後期幼生に相当するメガロパ期以外、これらの名称はあまり使われなくなった。

コラム2　甲殻類の発生と脱皮

　甲殻類の発生の過程で卵の中にある間はそれを胚といい、胚と成体の間に幼生の齢期がある。幼生は成体とは形態が著しく異なり、成体とは違った独自の生活様式を持つ場合が多い。フジツボの幼生が、岩に固着して自由移動力を失った成体と異なり、水中で浮遊生活をするのがその例である。幼生はふ化後、脱皮をしながら変態し、次第に親に似た姿に成長する。幼生の後の段階を後期幼生という。さらに成長して幼体となり、生殖能力と大きさ以外では成体と同じ形態となった段階を未成体という。

　幼生の最初の期間はノープリウス期である。ホウネンエビモドキ類、蔓脚類（フジツボ類）、カイアシ類、オキアミ類、クルマエビ類などにはノープリウス期がある。すべて水中で浮遊生活をするが、クーマ類はノープリウス期をメスの育児嚢に抱えられて保護される。ノープリウス期の次はゾエア期で、クルマエビ類では特にその前半をプロトゾエア期と呼ぶことがある。コエビ類、ヤドカリ類やカニ類はゾエア期に育ってからふ化するものが多い。ゾエア期の次はメガロパ期である。端脚類には幼生期はなく、例外なく成体と同じ形態でふ化する。また、等脚類は後期幼生のマンカ期でふ化する。

　十脚類の幼生期はノープリウス、ゾエア、後期幼生（ポストラーバ）の3つに大きく分けられ、発生の過程には次の4つのタイプが見られる。

①卵→ノープリウス→プロトゾエア→ゾエア→後期幼生→幼体
②卵————————————————→ゾエア→後期幼生→幼体
③卵————————————————————————→後期幼生→幼体
④卵————————————————————————————————→幼体

　①は卵を水中に放つクルマエビやサクラエビの仲間で根鰓亜目に属し、最も若い幼生であるノープリウスが卵からふ化する。②はホッコクアカエビのように雌が腹部に卵を抱える抱卵亜目で、卵の中で発生が進んで、ゾエ

アでふ化する。多くのカニの仲間もそうである。③は同じ抱卵亜目でもホッカイエビのように卵が大きくて栄養に富み、幼生は卵内で成長し、浮遊期がない状態でふ化するものである。④は淡水に棲むザリガニやサワガニの仲間で、幼生期がなく、親によく似た姿の幼体に成長してからふ化する。

　甲殻類は脱皮しなければ成長できない。脱皮後しばらくは軟らかい体となって自由に動けず、外敵に狙われやすい。大型の種では新しい殻が硬化するまでにより時間がかかるので、安全な巣穴の中で脱皮したり、狙われる数を減らそうとして集団で一斉に脱皮したりするものがある。殻の主成分は体内の糖質から合成されたキチンである。彼らは普通、脱皮することによって体が大きくなるが、ナンキョクオキアミは極めて異例なことに、冬季、脱皮をしては体が縮小する。これは何ヶ月も氷の下で暗闇に閉ざされ、食物がほとんど供給されない南極の海での彼らの適応と考えられている。

14. 深海を泳ぐエビ

チヒロエビ科

ツノナガチヒロエビと二統底引網漁船
グレナダ　1981

ツノナガチヒロエビ
トリニダード・トバゴ　1983

　エビの中には成長しても海底に下りず、水中を泳ぎながら一生を過ごすものが210種ぐらいいる。駿河湾のサクラエビ *Lucensosergia lucens*、有明海や瀬

戸内海に産するアキアミ *Acetes japonicus* などのサクラエビ科の種類や富山湾のシラエビ *Pasiphaea japonica*（オキエビ科）はその代表だが、チヒロエビ科のエビは深海遊泳性で海底近くに生息している。

　光の強さが海面の 1/100 ぐらいまでに減衰した深さまでを有光層と呼び、そこから動物が光を感じることができる限界（海面の 1/10^9 ぐらい）までを薄明層と呼ぶ。水深 400〜1,000 メートルぐらいの薄明層まで下がるとそこに棲む深海遊泳性のエビには発光器や発光腺を持っている種類が増え、体全体が鮮やかな赤や緋色である。同じ深さを泳いでいるハダカイワシなどの深海魚が灰黒色や黒色であるのと違うが、赤色系の光の波長が届かない深海では、赤や緋色は黒と同じ色彩効果があって、闇の世界に溶け込んでしまう。こうして、身を守る場所のない水中を泳ぐエビは捕食者の目から逃れることができると考えられている。

　深海遊泳性の種類には太平洋、大西洋、インド洋に広く分布するコスモポリタンの種が多く、分布域が限定されている浅海性のエビとは対照的である。ツノナガチヒロエビ *Aristeomorpha foliacea* は日本近海を含め世界各地の水深 250〜1,300 メートルで採集される。体長 20 センチメートルぐらいになり、駿河湾では底引網で漁獲され、地中海やカリブ海や南アフリカ沖などでも盛んにトロール網で漁獲されている。

オオミツトゲチヒロエビ　オオミツトゲチヒロエビ
アルジェリア　1970　　モロッコ　1965

　ツノナガチヒロエビと書かれたアルジェリアの切手は念入りにみると、やはりトロール漁で獲れる深海遊泳性のオオミツトゲチヒロエビ *Aristaeopsis edwardsiana* のようである。オオミツトゲチヒロエビは額角の基部に 3 個の大

きいとげがあるのが特徴で、広い水域の水深300〜1,800メートルに分布する。

　ギニア暖流とベンゲラ寒流と季節風の影響を受けて、西アフリカのギニア湾では局所的に湧昇流が発達し、栄養に富んだ深層水が大陸棚に運ばれてプランクトンを増やすから、海域の生物生産力は高い。大西洋東部で大きいエビ漁場が形成されるのはこの湧昇流がみられる海域だけである。カメルーン沖合ではツノナガチヒロエビやオオミツトゲチヒロエビがたくさん獲れ、冷凍品がスペインやフランスの市場に運ばれている。ブラジル沿岸の水深700〜800メートルからも年間600トンぐらいが底引網で漁獲される。どちらも緋色や赤色の見事なエビだが、身が柔らかすぎて味の方もちょっと落ちる。クルマエビ類のあの程よくやわらかで弾むような舌ざわりはない。

15. クルマエビの仲間
クルマエビ科

　漁業の対象となる海産のエビのうち、大型で、おいしくて、商品価値が高い種類はクルマエビ科、タラバエビ科、イセエビ科に含まれるものが多いが、その中でも最も重要なのがクルマエビ科のエビである。現在は220余種が含まれるが、養殖を含めて年間1万トン以上水揚げされる種類だけでも10種ほどあって、漁獲量と養殖生産量を合わせると400万トンを超え、世界のエビ類の総漁獲量の70〜75％を占める。

コウライエビ
中国　1992

コウライエビ
北朝鮮　1999

ウシエビ
タイ　1976

ウシエビ
仏領ポリネシア　1980

　クルマエビ類は殊に日本人と米国人に好まれ、国際市場では日米が常に最大
の需要国である。主に熱帯・亜熱帯の浅海に分布し、メキシコ湾や西アフリカ
沿岸や地中海でも漁獲されるが、インド洋と太平洋西部（まとめてインド・西
太平洋水域と呼ぶ）の沿岸域に多い。水中に放卵し、卵は一日ぐらいでふ化し
てノープリウス幼生になり、その後は約1ヶ月、外海で脱皮を繰り返しながら
稚エビに変態して、潮流に運ばれて沿岸に近づき、やがて内湾の汽水域や沼沢
地で砂泥底に下りて成長する。

　クルマエビ類のように浅海に棲むエビでは、それぞれの種の地理的分布が明
瞭に限定されていて、太平洋と大西洋とで共通の種類はいないし、大洋の東岸
と西岸とでも種類が異なる場合が少なくない。長い地球の歴史を通して低緯度
や中緯度水域に棲む生きものにとって大陸と海は常に分布拡散の大障害であっ
た。こうして、遠い祖先は同じでも大西洋に定住するようになった種類は太平
洋の仲間と再び出会うことなく、また東太平洋の仲間は西太平洋やインド洋の
同類と交わることなく、それぞれの場所で独自に発展し、やがて固有の種類に
進化していった。

　クルマエビ類は国際市場ではホワイトとかブラウンとかピンクとかいう固有
の体色にもとづいた呼び名で区別されている。コウライエビ *Penaeus chinen-
sis* に代表されるホワイト系は主にインド・西太平洋やメキシコ湾の、大陸か
ら河川水が流れ込む沿岸の汽水域とそれに隣接する広い大陸棚の軟泥底に生
息し、濁った水の中で昼も夜も活動する種類が多い。ブラウン系はクルマエ
ビ *Penaeus japonicus* やウシエビ *P. monodon* のように、インド・西太平洋の
沖合の比較的水の澄んだ塩分濃度の高い水域に分布し、昼間は海底の砂泥底
に潜伏していて夜だけ活動する。一方、ピンク系はペネウス・ノティアリス

P. notialis などで、大西洋だけに見られ、沖合水の混じった透明度も塩分も高い陸棚上に多い。

a. インド・西太平洋のクルマエビ類

クルマエビ
タンザニア　1998？

バナナエビ
タイ　1978

インドエビ
モザンビーク　1981

　エビといえばすぐ頭に浮かぶほどなじみの深いクルマエビは、古くから日本人の食生活とは切っても切れない関係にある。広くインド・西太平洋に分布するが、漁獲量が多いのは日本の内湾や内海で、年間 3,500 トンの水揚げがある。クルマエビは日本料理の華である。殊に"さいまき"や"まき"と呼ばれる、一匹が 10 センチメートル、30 グラムぐらいのやや小ぶりの活きエビは身が締まっていて、天ぷらにしても、すしだねにしても最高においしい。

　ところが漁獲量ではクルマエビは同じインド・西太平洋で獲られるバナナエビ *P. merguiensis* やインドエビ *P. indicus* やウシエビにはかなわない。いずれも年間 1 万トン以上の漁獲があって、養殖されたエビを含めて南方の国々から

大量に日本に輸出されているから、庶民の台所との結びつきという点ではこれらのクルマエビ類はクルマエビ以上である。バナナエビは殻が滑らかで黄色がかった白色を呈していることからバナナの名がついた。東南アジア水域やオーストラリア北岸に分布し、今日、水揚げ量は年間10万トンを超える。インドエビは全身がすりガラスのような薄白色で、市場では体の透明度がよいものほど値が高い。大型で体長20センチメートルぐらいまで成長する。オーストラリアのカーペンタリア湾産の船上凍結エビは特に高い価格で取り扱われている。

　ウシエビは体長33センチメートルにもなるクルマエビ類の最大種で、インドやインドネシアの汽水域が主な漁場である。成長が速いので台湾や東南アジアや南アジアの各国で盛んに養殖されていて、年間の生産量は70万トンにおよぶ。天然環境で育ったウシエビは大きくなるにつれて体の黒色が次第に濃くなり、ブラックタイガーと呼ばれるように黄色の虎縞が明瞭になってくる。養殖のエビには虎縞が表れず、黒っぽいままのものが多いが、肉質は養殖の方が柔らかくておいしいというひとが多い。

　クルマエビを描いたタンザニアの切手は収集家の間では知られているものの、国際的な切手商であるスコット社やギボンズ社のカタログには掲載されておらず、不法に発行されたものの可能性がある。背景がわからないから、こんな切手に出会うと切手収集家は混乱して興味が薄れてしまう。

b. 東太平洋のクルマエビ類

バナメイエビ
エクアドル　1986

バナメイエビ
コスタリカ　1979

　中南米の太平洋岸では固有種のバナメイエビ *Penaeus vannamei* とペネウス・オシデンタリス *P. occidentalis* の漁獲量が大きい。両種とも水深20メー

Penaeus occidentalis
パナマ　1965

トルぐらいの浅海や汽水域の泥底に棲み、体長20センチメートルぐらいに成長するホワイト系である。バナメイエビは低塩分の水で高密度飼育ができ、中国や東南アジアの養殖池で蔓延したエビの病原菌への耐性が比較的すぐれていたために、病原菌の感染で大量斃死が起きて落ち込んだアジアのエビ養殖場に密かに移入されて養殖方法が確立した。1990年代からは世界中で養殖され、2010年までに本種の生産高は年間200万トンを超えてウシエビを上回った。当初バナメイエビは標準和名がなかったので、日本各地のホテルやレストランのメニューには、同じクルマエビ科の"シバエビ"と書かれて出されていた。それが、2013年の食材偽装問題のときに発覚して一躍、世間に知られることになった。日本産のシバエビと思って食べていたのが、中米原産のバナメイエビだったという話である。

　ペネウス・オシデンタリヌは主にコロンビア沿岸で獲られている。1970年代から漁獲が盛んになって、年間1,000～2,000トンの水揚げ量があったが、現在は1,000トン以下に減少した。

c. 大西洋のクルマエビ類

　近代エビ漁業は1965年に米国テキサス州ロックポートで、掃海面積が大きく効率の良いフロリダ型二艘引き漁法が開発され、やがて各地に普及して今日の発展を見た。これは一艘の船の両側に横棒（アーム）を張り出し、それぞれの先端から後方に延ばしたワイヤ・ロープに小型のトロール網をつけて引く漁法で、クルマエビ漁の聖地とまでいわれるメキシコ湾ではピンク系のペネウス・デュラルム *Penaeus duorarum* やペネウス・ノティアリスなどが年間7万トン以上漁獲されている。1995年のアカデミー賞受賞映画「フォレスト・ガ

Penaeus notialis とフロリダ型エビ網漁船
キューバ　1975（1.5倍拡大）

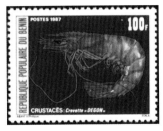

P. notialis
ベニン　1987

P. duorarum
セネガル　1968

ンプ」で、トム・ハンクス扮する主人公フォレスト・ガンプが友人ババの遺志
を継ぎ、故郷のアラバマでエビ漁を始めて大成功するくだりがあったが、その
ときのエビは多分これらのエビだったのだろう。

　ペネウス・ノティアリスはカリブ海からブラジル沿岸およびモーリタニア以
南の水深100メートルぐらいまでの砂泥底に分布し、体長18センチメートル
ぐらいにまで成長する。

　地中海と東太平洋には、現地でカラモテシュリンプと呼ばれる、もうひとつ
の漁業重要種ペネウス・ケラスルス P. kerathurus がいる。ブラウン系で味が
よいので地中海沿岸のレストランでしばしば出てくる。体長15センチメート
ルぐらい、汽水域と沖合の水深50メートルぐらいまでに分布し、現在はギリ

P. kerathurus
チュニジア　1998

P. kerathurus
ナイジェリア　1988

シャとチュニジアでの漁獲量が大きい。少量は西アフリカ沿岸でも漁獲されている。

d. エビの背わた

シバエビ
ベトナム　1965

　料理の本には「エビは調理の際に背わたを抜く」と書かれているが、背わたというのは消化管（腸）のことである。これは殻を剝くときに竹串を4番目か5番目の腹節に差し込んで、そのまま持ち上げると簡単にとれる。東京湾以西の太平洋岸から東シナ海、ベトナム北部にかけての砂底に棲むシバエビ Metapenaeus joyneri は甘みが強くておいしいので天ぷらなどの日本料理に広く用いられ、冷凍食材としても人気が高い。背わたを抜く機会の多いエビである。シバエビはベトナムで発行された切手になっている。図柄は第2脚、第3脚が長く大きすぎて、とてもシバエビという感じではないのだが、切手の左端にシバエビの学名が書かれている。ベトナムといえば生春巻き（ゴイ・クォン）を想う。メコンデルタの中州にある宿で出された生春巻きには、近くの海

であがったばかりのシバエビが緑豆春雨やキュウリやパクチーなどの香菜とともに巻かれていて本当においしかった。

Parapenaeus longirostris
ナイジェリア　1958

P. longirostris
ナイジェリア　1988

エビの入ったパエーリア
スペイン　1988

　ナイジェリア東岸のビクトリア港の風景を描いた切手の周りに配された6匹のエビは何の種類かはっきりしないが、この付近でガンバと呼ばれるサケエビ属のパラペネウス・ロンジロストリス Parapenaeus longirostris かも知れない。このエビは大西洋と地中海の水深150〜400メートルに棲み、スペインやフランスの地中海地方で獲られているから、ラテン系の人たちにはなじみが深い。パエーリアはスペインの五目炊き込みご飯だが、サフランを使って黄色に炊き上がった米飯の上に、殻付きの二枚貝や鶏肉、それに赤や緑色のピーマンと一緒に乗っているのが、このガンバや小ぶりのザリガニである。バルセロナの海岸にあったテント張りのレストランで家族と一緒に食べたパエーリアは、大鍋から小皿に分けるのが惜しいほど色どりが華やかだった。

16. タラバエビの仲間

タラバエビ科

　タラバエビ科のエビにはホッコクアカエビ *Pandalus eous* やトヤマエビ *P. hypsinotus* やホッカイエビ *P. latirostris* など、日本人になじみの多い種が多い。北海道の初夏の風物詩の一つとして知られる野付湾（尾岱沼）の打瀬網漁は、アマモの育った浅い内湾に棲むホッカイエビを獲っている。しかし、このほかの種類の多くは水深150メートル以深に生息している。

a. 大きい個体はすべてメス

ホンホッコクアカエビ　　　　ホンホッコクアカエビ　　　　ホンホッコクアカエビ
グリーンランド　1982　　　　アイスランド　1971　　　　フェロー諸島（デンマーク領）　2013

　タラバエビ属 *Pandalus* のエビはほかのエビにあまり見られない雄性先熟雌雄同体である。つまり、どの個体も精巣と卵巣を持っていて、先に精巣が発達してオスとして働き、精巣が退縮した後、卵巣が成熟してメスになって、小さなオスから精子を受け取る。だから魚市場で売られているのは、すべて大きいメスである。

　アマエビともナンバンエビとも呼ばれるホッコクアカエビは冬の日本海の味だ。殻を剝いて、やわらかでほのかな甘みのある身をわさび醤油で食べると、とろけるような舌ざわりである。雪の舞う北陸の温泉宿で、こたつの上にこのエビと地酒があれば、旅のよさがしみじみ味わえる。あの獲れたての身の甘さは、グリシン、アルギニン、プロリン、セリンなどのアミノ酸が大量に含まれていることによる。殊にグリシンの含有量が魚肉に比べて十数倍も多く、エビのうまさと深いかかわりがある。生きているときから体は鮮やかな赤紅色で、

ナンバンエビという名は唐辛子（別称「南蛮」）を連想させるところから来たものだろう。このエビは日本海から北米西岸のオレゴン州沖にかけての北太平洋の高緯度水域に分布している。これと極めて類似したホンホッコクアカエビ P. borealis は北極海と北大西洋の北米メイン州沖から北海に分布している。どちらの種も夏の間は水深300〜600メートルの沿岸の深みにいるが、冬になると水深100〜250メートルに移動する。両種を合わせて年間12万トン以上が漁獲されているから、最も水揚げ量が大きいエビのひとつである。エビは主に底引網のひとつのオッタートロールで獲る。ホッコクアカエビは北海道沿岸や富山湾では冬場が盛漁期だが、北方のベーリング海では天候の関係もあって夏の水揚げ量が最も多い。グリーンランド沖やカナダのセントローレンス湾でのホンホッコクアカエビ漁も夏である。

　日本海でのホッコクアカエビの研究[8]によると、推定される寿命は11年、満5歳前後で性転換し、6歳でメスとして成熟し、産卵は1年おきに3回以上するとされている。おいしくなるのはメスになってからで、大きいものは体長が16センチメートルぐらいに達する。その寿命は6〜7年といわれているが、このように成長が遅く、抱卵数が少ないエビの資源保護には細心の注意が払われねばならない。トロール漁のような極めて効率の良い方法で集中的な漁獲を行うと、やがて資源を枯渇させてしまう恐れが常にある。1963年にアリューシャン列島のプリビロフ諸島周辺にホッコクアカエビの一大漁場が発見され、漁獲開始直後はほぼ年間7万トンもの水揚げがあったが、8年後に漁場は壊滅した。日本のトロール船団による乱獲が原因だった。

　欧米では生のままは食べないから、船上で塩茹でにした新鮮なホンホッコクアカエビが喜ばれる。ノルウェーの首都オスロの夏の朝早く、次々に港に帰ってくる漁船に声をかけると、茹で上がったばかりで、ほのかな塩味のホンホッコクアカエビを紙袋に一杯入れて売ってくれる。早速、公園の芝生に腰を下ろして食べた味は忘れられない。フィヨルドを囲む森の緑が鮮やかで、日差しが限りなく透明で、空も水も草も花も、周りのあらゆるものが輝いていた。

　トヤマエビは富山湾だけに棲んでいるわけではない。日本海からベーリング海にかけて分布し、水深50〜500メートルぐらいに生息している。体長は20センチメートル程度に達し、タラバエビ属で最も大きい。2歳の体長10センチメートルぐらいでオスとして成熟し、4歳半で性転換をしてメスに変わり、

トヤマエビ
北朝鮮　1999

　5歳で1回目の産卵をする。そして1年間抱卵したのちに幼生を放ち、7歳に
なって2回目の産卵をして8歳で寿命が尽きる[9]。明るい朱色で頭甲胸部に白
い斑紋が散らばったきれいなエビで、市場では時おりボタンエビの名で比較的
高価で扱われていることがあるが、本物のボタンエビ *P. nipponesis* は太平洋
岸に見られる日本固有種で、日本海沿岸には分布しない。トヤマエビは2017
年11月にドナルド・トランプ米大統領を招いた韓国大統領府の晩さん会で、
メニューのひとつに「独島（竹島）周辺で獲れた"独島エビ"」の名で出され
たことが話題になった。

b. 泉のジンケンエビ

Plesionika scopifera
ニューカレドニア　1989

　ジンケンエビ属 *Plesionika* は90種以上が報告されていて、日本近海だけで
も29種が知られている。プレシオニカ・スコピフェラ *Plesionika scopifera* は
1986年にフランス国立自然史博物館が行った深海生物調査でニューカレドニ
ア南沖の水深270メートルの砂泥底から採集されたが、そのあとはどこからも
見つかっていない[10]。しかし、分布域が広く、多産の種類もいる。イズミエ
ビ *P. izumiae* がそうである。

イズミエビは西日本から東シナ海、南シナ海、フィリピン海域に分布して、三河湾や鹿児島湾では小型底引網で大量に漁獲され、干しエビや佃煮になっている。体長5センチメートル足らずのこのエビが1967年7月に、駿河湾の安部川河口沖の水深32～80メートルで多数採集されたとき、腹甲に一対の赤橙色と青白い斑点が並んでいて、とてもきれいなエビだったので持ち帰って、研究室の水槽にしばらく生かしておいた。当初、私は既知種だろうと思っていたが、同定してみると未記載種であることが判明して驚いた。国際動物命名規約では種小名に人名を記念に用いることが許されている。名前が女性の場合は名前のあとに ae を付けて、ラテン語で形容詞にする。つまり「女性の……さんのプレシオニカ」というわけである。オスとメスの形態を調べ、寿命が1年半以下であると推定し、1971年にこのエビを新種として公表する際、私はこのエビを採集してから発表するまでの間に生まれた初めての長女、泉に因んで、イズミエビと名付けて認められた[11]。

17. 切手になっていないシラエビとサクラエビ
オキエビ科、サクラエビ科

シラエビ

ある夜、酒処の板前で、富山生まれの藤永さんが「シラユキエビが築地の魚市場に出ていました。刺身がいいですよ」と言った。さてどんなエビだろうと話を聞いているうちにシラエビらしいとわかった。もう30年も前のことで、まだこのエビが富山県以外ではあまり知られていなかった頃である。日本海の冷たい水はズワイガニやアマエビやサクラマスなどのおいしい海の幸を育ててくれるが、なかでも富山湾のホタルイカとシラエビはほかの海で見られない特

産品である。

　シラエビは体長5〜7センチメートルの泳ぐエビである。体はあたかも両側から圧されたように扁平で、生きているときは透明で赤い小斑が全体に散らばっているが、水揚げされると白っぽくなる。冬の立山連峰を想いながら上品なむき身を味わったが、シラエビは素揚げや和えものや吸いものにしてもおいしい。この優雅な白いエビには黒い漆器がよく合う。

　富山湾は一番深いところが水深1,000メートル以上あって、海底から陸棚に「藍甕」と呼ばれる海底谷が食い込んで庄川や神通川の河口近くまで続いている。そこでは冬の荒波が海岸を激しく侵食し、1,000年も前からヒトや家畜が波にさらわれ、家や林が土砂とともに海底谷の深みに滑り落ちていった。記録に残るものだけでも災害は130余回におよび、そのたびに海岸が後退している。シラエビの漁場に近い東岩瀬の集落も大きな寄せ波のあった享保元年（1716）以前には現在の場所よりもずっと沖合にあったという。

　シラエビが獲れるのは庄川と神通川と常願寺川などの海底谷の水深200〜300メートルの範囲に限られている。藍甕に沿って夜の間に岸近くの水深100メートルぐらいまで上昇してきたシラエビが日の出とともに急峻なV字谷の深みに降下すると群れが濃くなる。そんなところを4月から11月末まで、明け方、独特な型の底引網を用いて漁獲するのである。冷蔵むき身の生エビがすしだねにもなって、今では全国的に知られるようになったが、それほど大量に獲れるわけではない。漁獲量は年間200〜500トン、4、5月と8月が盛期である。シラエビの寿命は3年以下、生後1.5年で成熟して2回産卵するようだ。このエビの標準和名はシラエビなのだが、地元ではシロエビとかシラユキエビとかヒラタエビと呼ばれていた。"富山湾の宝石"ともてはやされるようになってからはシロエビ呼びが有力である。富山駅前にもシロエビと書かれたのぼりが数本立っている。

　シラエビは本州の太平洋側にも分布するが、漁業の対象になるぐらいの群れにはならない。周囲を陸地と浅い陸棚で囲まれた縁海の日本海にはもともと中・深層性の生物はいなかった。太平洋から陸棚を越えてそこに侵入して生活圏を拡げることができたのは、限られた種類だけだった。日本海だけに目立って多いホタルイカやキュウリエソもそうである。彼らは餌が豊かで生息場所をめぐる競争者や捕食者が少ない新しい環境で、我が世の春を謳歌していた。

サクラエビ（撮影：田中光常氏）

　漁業の対象になっている遊泳性のエビは駿河湾にもいる。サクラエビである。明治27年（1894）12月のある夜、富士川河口沖にアジ揚繰網漁に出かけた2人の漁師が浮き樽を網につけないで、網を沈むに任せて引き揚げてみると大量のサクラエビが入っていた。思わぬ大漁を機に、駿河湾湾奥での漁が本格化した。サクラエビは体長5センチメートル足らず、体長の3倍以上も長いひげ（第2触角外鞭）があり、透明に近い体には無数の赤い色素胞と下側には169個以上の発光器がある。駿河湾で生まれ、そこで1年半ぐらいの一生を終える。幼生は湾全域に分布を拡げ、成長すると湾奥の深みに集群を作るようになる。200〜300メートルにおよぶ顕著な日周鉛直移動（昼は深層に下降、夜は表層に上昇）をし、夜間上昇してきたときに二艘船引網で漁獲される。

　干しエビには独特の食感と味わいがあり、お好み焼きやかき揚げなどによく使われるが、干しエビは使う際、みりんを少量かけてフライパンで200℃ぐらいの高温でさっと空焼きすると格段に香りが増すことをご存知だろうか？　一時は年間2,000〜4,000トンの漁獲があったが、生息環境の悪化と獲り過ぎのために、漁獲量は1975年頃から右肩下がりとなり、現在は年間300トンを割って先行きが心配されている。春の漁期に富士川河口近くの河原は一面、天日干しのために撒かれたサクラエビで桜色に染まる。そんな風景をまた見たいものだ。

　残念なことに、シラエビもサクラエビも切手はない。日本で発行された甲殻類の切手はイセエビとふるさと切手にあったズワイガニ（1999年の福井県と2001年の鳥取県）だけである。

18. テッポウエビの仲間

テッポウエビ科

a. テッポウエビとハゼの共棲

ニシキテッポウエビ
ベトナム　1969

テッポウエビ属の一種とギンガハゼ
パラオ　1987

　テッポウエビといえばハゼとの共棲を想う人が多いだろう。ニシキテッポウ
エビ *Alpheus bellulus* とギンガハゼやニチリンダテハゼとの共棲はよく知られ
ているが、テッポウエビ類でハゼ類と共棲するのは20種以上いる[12]。ニシキ
テッポウエビはインド・西太平洋の浅海に棲む。体長は4センチメートル程
度。紀州以南の暖海には大型で体長7センチメートルほどのテッポウエビ *A.
brevicristatus* がいる。砂地に造った穴の中に雌雄一対で入って、やはり雌雄
で暮らすダテハゼを同居させている。テッポウエビは大きなハサミ脚をブルド
ーザーのブレードのように使って休むことなく砂を運び出して巣穴の手入れを
しているが、ほとんど目が見えないので、その長い第2触角をいつも同居する
ハゼの体にぴったりとくっつけている。天敵のクロダイやタコなどが近づくと
ハゼは危険を察して尾を動かし、瞬時にエビと一緒に巣穴に逃げこむ。彼らの
共生関係は外敵の見張りだけではない。ハゼが巣穴から遠出できないエビの餌
になる海藻の切れ端を巣穴に運ぶところや、エビがハゼの体表の寄生虫を取り
除くところが観察されている。エビはまた巣穴に落ちたハゼの糞も餌にする。
パラオの切手でギンガハゼと共生しているテッポウエビの種名はわからない。

b. 衝撃波で棲みかを守る

トゲトサカテッポウエビ
マレーシア　1989

　テッポウエビの仲間にはその名の通り、大きい方のハサミをかち合わせてパチンという破裂音を出し、このときに生じる衝撃波によって棲みかへの侵入者や同種のほかの個体を威嚇するものがいる。衝撃波の効果は大きく、小型の生きものは気絶してしまうほどである。

　民意を無視した米軍基地移転で揺れる沖縄辺野古（へのこ）の大浦湾で、トゲトサカテッポウエビ *Synalpheus neomeris* がその棲みかで宿主であるソフトコーラルのトゲトサカ（サンゴ）の触手を食べにきたオトメウミウシをハサミ脚の衝撃波で撃退するという面白い行動が観察された[13]。大浦湾は湾奥部にマングローブが茂り、アオサンゴが群生し、広い砂泥地には橙桃色のソフトコーラルのマットが広がる豊かな海だ。その湾の環境の多様性と豊かな生物相は、皮肉にも埋め立て問題とともに広く一般に知られるようになった。

　トゲトサカテッポウエビは1センチメートル足らずの大きさで、体は半透明に近い乳白色で見つけにくいが、インド・西太平洋の房総半島以南からオーストラリア北岸にかけて割合よく見られる種類である。トゲトサカを棲みかにして、それが出す粘液を栄養にしている。トゲトサカテッポウエビが破裂音を出すと、エビの体の3倍も大きいオトメウミウシはサンゴから離れて逃げた。こうしてトゲトサカテッポウエビとトゲトサカの共生関係が維持されている。

19. さんご礁の外科医
オトヒメエビ科

オトヒメエビ
モーリシャス　1969

オトヒメエビ
オーストラリア　1973

オトヒメエビ
バヌアツ　1989

　オトヒメエビ類には第1〜第3脚にハサミがあって、殊に第3脚のハサミが大きく頑丈なことで、ほかのエビと簡単に区別がつく。体が小さいし、たくさん獲れないから食用にはならないが、大変きれいなので多くの水族館で飼育展示されているし、観賞用に販売もされている。

　体と大きな第3脚に鮮やかな赤い横縞があるオトヒメエビ *Stenopus hispidus* は体長5〜7センチメートル、さんご礁の発達するインド・西太平洋とカリブ海の水深2〜10メートルに生活している。波の静かな海中に潜ると、サンゴの割れ目や岩穴の中から長い3対の触角鞭を明るい場所に伸ばしているのが見つかるだろう。体は隠れているが、体の3倍も長い鞭を動かして、あたかも水中のほかの生きものたちに所在を教えているようだ。オトヒメエビは、さんご礁に棲むウツボやハタやニザダイのような大きい魚たちの外科医であり掃除屋である。そういえばオトヒメエビのあの横縞模様は、もともと外科医を意味した理容院の赤白の柱に似て見える。魚たちは医院の所在地を知っていてときどき治療にやってくる。寄生虫が付いた魚や負傷した魚が医院の前で待っていると、やがて岩陰に潜んでいたオトヒメエビが現われて、魚にとりついて体表

の寄生虫を食べたり、傷口を掃除したりする。治療の間、魚は胸びれを広げて
じっとしていて、オトヒメエビを食べることは絶対にない。

　ある研究者がさんご礁に実験区を設けて、その中にいたオトヒメエビを全部
別の場所に移してしまったところ、その区域には皮膚を病んだ魚が増え、次い
でそれらが姿を消し、そこに見られる魚の種類が変わってしまったという。夫
婦仲が大変良いようで、必ず一対で棲んでいて、また年中ほとんど移動せずに
同じところにいるから、1ヶ月経って再び潜っても同じ場所で同じオトヒメエ
ビのカップルにめぐりあうかもしれない。

20. さんご礁の色鮮やかな忍者たち（1）
ヒゲナガカモエビ科、ヒメサンゴモエビ科、
リュウグウモエビ科

　さんご礁が世界の海に占める面積は0.2%足らずだが、海に棲む多細胞生物
の約30%に当たる55万〜133万種が見られるという[14]。そこにはまだ発見さ
れていない種類を含めて、極めて多くの甲殻類がひしめくように生息してい
る。

a. ウツボの掃除屋の変わったカップル生活

アカシマシラヒゲエビ
バヌアツ　1989

シロボシアカモエビ
ガンビア　1999

　インド・西太平洋の熱帯域や紅海の浅海にいるヒゲナガカモエビ科のアカシマ
シラヒゲエビ *Lysmata amboinensis* の体長は5センチメートルぐらいだが、頭

61

Lysmata wurdemanni
アンティグア・バーブーダ 1990

から尾部まで背面を走る白い線と両側の広い赤い線、そして光って見える長くて白い触角鞭が鮮やかで、さんご礁ではオトヒメエビ同様に極めて目立つ存在である。習性もオトヒメエビ同様に魚の掃除屋で、第1、第2脚の先端のハサミをピンセットのように使って、魚の体表や口内に取り付いた寄生虫や古くなった組織を除去して食べる。このエビは殊にウツボと仲が良いようだ。ウツボの棲む洞穴や岩棚の近くに暮らし、触角鞭を広げて振り回すと、ウツボは掃除屋を歓迎するかのように大口を開けて、エビの到来を待つ。時にはウツボがエビを捕食者から護るという行動が観察されている。宿主と寄生者のように常時接触しているわけではない変わった共生関係である。

　変わった点がもう一つある。アカシマシラヒゲエビの生活史は雄性先熟雌雄同時同体というもので、6ヶ月にもわたる長い幼生期の後、2匹のエビはオスになり、常に一対で暮らしているが、やがて脱皮して一方がメスになって交尾し、産卵する。つまり初めはオスであるが、成長すると一方はオス役をもう一方はメス役を果たして子孫を残す。

　インド・西太平洋のさんご礁に棲むシロボシアカモエビ *L. debelius* と米国東岸のロングアイランドからフロリダにかけてとメキシコ湾に分布するリスマータ・ウルデマンニ *L. wurdemanni* も魚の掃除屋である。どちらも雌雄同体で、初めはオスで、あとでオス役にもメス役にもなる。前者は体全体が鮮やかな赤色、頭胸甲に複数の白い斑紋があり、歩脚が白いことからホワイトソックスと呼ばれることもある。後者は赤い縞模様が美しい。ともに飼育しやすく、しかも水槽内部をきれいに掃除してくれるので、飼育マニアたちに好まれている。

b. サンゴの上のシャチホコ

イソギンチャクモエビ
英領タークス・カイコス諸島　1999

　海が好きで、私財を投じて沖縄に阿嘉島臨海研究所を創設してわが国のサン
ゴとさんご礁の研究を大いに後援してくれた保坂三郎さんと私たち9人は、
2008年11月、インドネシア、ニューギニア島のソロンに飛び、そこからチャ
ーターした全長34メートルの木造帆船テムキラ号に乗船して、ラジャ・アン
パットでの1週間のダイビング航海に出かけた。ニューギニア島からハルマヘ
ラ島の間にあるラジャ・アンパットは1,500を超える小島や岩礁や洲からなる
多様性の豊かな水域で、世界中のスクーバダイバーたちのあこがれの海であ
る。水中はどこでも色とりどりの魚が湧き立つように群れ、アカウミガメやナ
ヌカザメがゆっくりと泳ぎ、断崖の岩肌一面にオオイソバナやソフトコーラル
がびっしりと付いていて、目を奪われるような景観の連続に私たちは心を満た
された。
　ほかのさんご礁の海に比べるとラジャ・アンパットの水は少し濁っていて、
植物プランクトンが多かった。流れが複雑で、潜っていて、いろいろな場所で
湧昇流を感じたし、点在する小島はすべて緑に覆われていたので、栄養がとて
も豊かなのだろう。海面には、増えすぎると赤潮の原因ともなる藍藻トリコデ
スミウムの大きなコロニーがしばしば浮かんでいた。
　ある日の潜水で大きなハタゴイソギンチャクの上にヒメサンゴモエビ科のイ
ソギンチャクモエビ *Thor amboinensis* を見つけた。目が慣れてくると、近く
のクサビライシやキクメイシといったサンゴの触手の間にも何匹もいた。体長
1.5センチメートル足らずの小さなエビだが、白い複眼とオリーブ色の体の頭
部と腹部と尾部に大きな白紋があることで見つけやすい。サンゴの出す粘液や
イソギンチャクの組織の一部を食べているようだ。最初、インドネシアのアン
ボイナ島で見つかったことから、種小名がアンボイネンシスになっているが、

のちにこのエビは地球をぐるっと取り巻く熱帯域のさんご礁に棲むことがわかって、カリブ海の英領タークス・カイコス諸島の切手の図柄に出ている。

　イソギンチャクモエビは透明度がもっと高い阿嘉島のさんご礁にもいる。イソギンチャクの上でなぜか上体をそらして尾をもち上げていることが多いので、ダイバーたちは「サンゴの上のシャチホコ」と呼んでいる。

c. ヴァツレレ島の赤いエビ

Parhippolyte uveae
フィジー　2000

　フィジーのヴァツレレ島は首都スバのあるビティレブ島から32キロメートル南にあるさんご礁に囲まれた火山島である。昔、島の酋長には美しい娘がいた。多くの若者が妻にしたいとやってきたが、誰も彼女の好みではなかった。ある日、ビティレブ島から部族のハンサムな王子が、島の大きな赤いエビをココナッツミルクで調理したご馳走を作って訪れた。しかし娘は満足せず、彼を鷹の洞窟と呼ばれる崖の上にいざなって海に突き落とそうとした。バナナの葉に包まれた贈り物は王子の手から離れて、下の池に落ちてエビが散らばった。王子は死なずに悲しみのうちに本島に帰り、晴れた日に見えるヴァツレレ島を眺めて娘のことを追想したが、やがてご馳走が落ちた池には赤いエビが群れるようになったという。これがヴァツレレ島に残る伝説である。池の赤いエビはリュウグウモエビ科のパルヒッポライト・ウベア *Parhippolyte uveae* で、島のひとたちはこのエビをウラブタ（ご馳走のエビ）と呼び、今日でも伝統に従って池のそばで手をたたいたり、歌を謡ったりしてエビに呼びかけ、大切に保護している。

　パルヒッポライト・ウベアは体長9センチメートル程度、ハワイやインドネシアの島々のセノーテのような特殊な環境で見つかることが多い。セノーテとは、海岸近くにあって地下の水脈で海とつながっているために、表面近くは淡水だが深いところは海水で、潮の満ち干によって水が混ざるような池である。

21. さんご礁の色鮮やかな忍者たち（2）
サラサエビ科、テナガエビ科

　水の中は弱肉強食の世界だから、多様性の宝庫とまでいわれるさんご礁のエ
ビやカニにとって、いかに捕食者の目から逃れ、攻撃を避けて生き残るかが一
番大切なことである。オトヒメエビのように、大きい魚と友好関係を結んでい
るのは例外で、大抵の動物は穴や岩の間に身を潜めたり、体色や形を海底や宿
主のそれに似せたり、とげや毒を持ったほかの生きものに頼ったりして捕食か
ら逃れている。そこに棲む生きものは、それだけを取り出して眺めると、色彩
や形の変化に富んだ派手なものが少なくないが、実際に水の中に潜ってみる
と、サンゴの間に隠れていたり、海底の岩やアマモ類や周りの色彩に溶け込ん
でいたりして、なかなか目につかない。

a. 水族館の人気者

Cinetorhynchus rigens　　スザクサラサエビ
英領ケイマン諸島　1966　　バヌアツ　1989

　暖海の水に浸かった岩礁やさんご礁には、目が大きく体の縞模様が美しいサ
ラサエビたちが数匹の群れを作って棲んでいる。アカモンサラサエビ属のシネ
トリンカス・リゲンス *Cinetorhynchus rigens* は体長4センチメートルほど、
大きい黒い目と体全体の赤色が目立つ、きれいなエビであるが、昼間は岩礁
の間に隠れているので、まず見つからない。大西洋熱帯域に広く分布し、水深
10メートル以浅に見られる。インド・西太平洋のさんご礁に棲むスザクサラ
サエビ *Rhynchocinetes durbanensis* もそれに似て、黒い目と半透明の体に赤と
白のラインが美しい。ともに観賞用として飼育マニアに人気がある。

b. ヒトデを食べるエビ

フリソデエビ
ニューカレドニア
1964

フリソデエビ
ニューカレドニア　2000

　オトヒメエビやアカシマシラヒゲエビとともにさんご礁の生きものアルバム
にしばしば出ているフリソデエビ *Hymenocera picta* は体長4センチメートル
ぐらいのテナガエビ科のエビで、アフリカ東岸からハワイにかけてのさんご礁
に必ず雌雄のペアで棲んでいる。透明な体に薄い褐色や赤紫色の鮮やかな模様
があり、第2胸脚が大きく発達して和服の振袖のように見えることからその和
名がついた。

　ニューカレドニアの切手に描かれているように、アオヒトデやアカヒトデの
ような小型のヒトデを襲って食べることで知られ、時にはオニヒトデのような
大型のヒトデも襲う。水槽内でこの種を用いた実験によって狩りの様子が観察
されている。狩りは雌雄のペアで行われる。まず、小型で素早い動きをするオ
スが獲物を発見し、ヒトデを裏返しやすくするために縁の管足を切り離す。メ
スが加わってヒトデを裏返すと、第1胸脚にある小さく鋭いハサミ脚を用いて
外皮を切り裂き、管足や生殖巣を引きずり出して食べる[15]。

22. テナガエビの仲間

テナガエビ科

　テナガエビ科は大変繁栄しているグループで、テナガエビ類、スジエビ類、カクレエビ類、フリソデエビ類、ヨコシマエビ類など多様な種を含んでいる。250種以上が知られているテナガエビ属は、大部分が熱帯の河川に棲んでいるが、亜熱帯や温帯域にも分布している。大きくなる種が多いから養殖の対象になり、技術の進歩と相まって生産量が増え、インドや東南アジアでは食卓を賑わしている。テナガエビ類ではオスの方がメスより大きく、成長すると第2脚が発達して、その長さが体長の1.5倍ぐらいまでにもなるものがいる。テナガエビの名はここから来たものだ。

a. 青いアオザイ

オニテナガエビ
インドネシア　1963

オニテナガエビ
タイ　1976

オニテナガエビ
バングラデシュ　1983

　オニテナガエビ *Macrobrachium rosenbergii* とマクロブラキウム・ダクエティ *M. dacqueti* は東南アジアでは水産重要種として知られているが、両種はつい最近まで同じ種と考えられていた[16]。オニテナガエビはフィリピン、イン

ドネシア、パプアニューギニア、オーストラリアに分布し、マクロブラキウム・ダクエティはインドからタイ、ベトナム、インドネシアにかけて分布する。両種ともオスは30センチメートルぐらいにも成長するから、淡水産のエビとしては最大級である。潮汐の影響を受ける河口に近い低地でよく見かけるが、大きいものは河口から200キロメートルも遡った上流で見つかったこともある。成長が速く、ふ化後10ヶ月ぐらいで成熟する。インドネシアでウダンサタン、タイでクーンヤイと呼ばれるのはこれらのエビのどちらかで、あの辺りではどこでも獲れるから、田舎の道端の埃っぽい食堂でも川ぷちのトタン屋根の一膳めし屋でも、頼めばたいてい出してくれる。もっとも見かけの割にはそれほどの味ではない。

　私にはオニテナガエビとベトナム戦争が奇妙に結びついてしまう。サイゴン政権が末期的様相を見せ始めた1974年の春、米国留学で一緒だったベトナム人の女友達をサイゴンに訪ねた。カリフォルニア大学で博士号を得た彼女は、帰国してサイゴン大学の動物学科で教えていたが、間もなく民衆とともに政府の批判をしたために大学を追われ、カトリック系の小さな私立医科大学の教授をしていた。

　かつて小さいパリと呼ばれたほど美しかった街のいたるところに鉄条網が張られ、屋根の上に完全武装の兵士たちが銃を抱えて座り、空にはヘリが飛び、郊外からはときどき砲声が聞こえる騒然とした日々だったが、竹林に囲まれた彼女の広い邸宅は数十キロ先の血みどろの戦いがまるで嘘のように穏やかで、小鳥のさえずりと竹の葉擦れの音のみの静けさだった。楽しかったフライデーハーバー臨海実験所での夏の生活やJ教授とI教授の講義のこと、それにベトナムの農民たちの悲惨な毎日を、淡々と、まるで感情をどこかに置いてきてしまったように話しながら、炭火でオニテナガエビを焼いていた彼女の青い絹のアオザイと細い指先とが今も鮮やかに目に残っている。

b. 大きい卵と小さい卵

　水中に自由に卵を放つ根鰓亜目のエビと違って、テナガエビ類やタラバエビ類のような抱卵亜目のエビは卵を腹肢の繊毛に付着させてふ化するまで数ヶ月保護する。その間に卵内（胚）で発生が進んで、幼生はゾエア期あるいはそれ以降の段階に成長して卵から出てくる。

テナガエビ類は淡水に生息するものでも、多くの種では幼生は海や汽水域まで降河しないと成長できない。ふ化したゾエア幼生は川の流れに乗って海へ下り、植物プランクトンやデトリタス（生物遺骸）を食べて成長し、1ヶ月ほどかけて体長5ミリメートルぐらいの稚エビになってから徐々に遡上する。

　一般に川の上流で暮らす種類の卵は大きく（卵径2ミリメートルぐらい）、栄養に富み、1匹の抱卵数は100個以下だが、下流に育ち幼生期を海で過ごす種類の卵は小さく（卵径0.6ミリメートルぐらい）、抱卵数は前者の50〜100倍も多い。餌が多い汽水域や沿岸では、発生初期の弱い幼生でも、たくさん放出されればいくらかは生き残って分布を拡げることができるが、餌の少ない上流に棲む種類は卵の中で大きく育ってからふ化するので幼生期が短く、間もなく底生生活を始める。動物が生き延びるための適応の仕方はさまざまだが、そ

Macrobrachium zariquieyi
サントメ・プリンシペ　1987（1.5倍拡大）

M. macrobrachion
リベリア　1976

M. carcinus
セントビンセント　1966

れに成功した種類だけが子孫を残して繁栄している。

　サントメ・プリンシペは、大西洋の一部であるギニア湾に浮かぶ火山島であるサントメ島、プリンシペ島、そしてその周辺の島々から成る共和制の島国である。人口約 20 万人。この島国の河口にはマクロブラキウム・ザリキエイ *Macrobrachium zariquieyi* が棲む。体長は 5 センチメートルほどで、オスは第 2 脚の左右の大きさがひどく異なっている。土地の人びとはヤシの葉の茎で編んだ砲弾型の罠に餌になるキャッサバの塊根の芯を入れて、低潮時に低地の潮間帯に並べて石を乗せ、次の低潮時に罠を上げて中に入ったエビを獲る。

　セネガルからアンゴラ北部の河川に見られるマクロブラキウム・マクロブラキオン *M. macrobrachion* は体長約 8 センチメートル、リベリアではメスラド川やセントポール川の流域でメスラドシュリンプと呼ばれて 5 月から 11 月の雨季に漁獲されている。獲り方はサントメ・プリンシペと同じ。フロリダ半島からブラジル南東部やカリブ海の島々の河川に棲むマクロブラキウム・カルシヌス *M. carcinus* はキューバやブラジルで獲られている。ブラジル東部を流れる同国第二の大河のサンフランシスコ川の流域ではピチュと呼ばれ、オスは体長 30 センチメートルにもなるが、近年、大きいのはあまり獲れなくなったということだ。

コンジンテナガエビ
インド　1979

コンジンテナガエビ
蘭領ニューギニア　1962

スベスベテナガエビ
バングラデシュ　1991

　1979 年にインドで発行された普通切手に、マナガツオとマラバールイワシ（インドアブラサッパ）と一緒にテナガエビが小さく描かれている。多分コンジンテナガエビ *M. lar* であろう。インドでもテナガエビは人びとに大変親しまれているようで、ムンバイやゴアの土産物店に木や水牛の角で作ったテナガエビの彫物が並べられているのをよく見た。そのあたりの河川に棲むコンジン

テナガエビの体長は10センチメートルぐらい。小卵多産で、卵径約0.5ミリメートル、1匹のメスは5,000個程度の卵を生む。ふ化した幼生は汽水域で育ち、次第に海に移動する。スベスベテナガエビ *M. equidens* も同じくインド・西太平洋地域の漁業対象種である。体長は約10センチメートル。西日本や沖縄、マレー半島、インド、オーストラリア北岸、マダガスカル島などの河川の下流や河口域に分布している。

テナガエビ
中国　1980

テナガエビ
ウガンダ　1996

　日本の料亭で川えびと呼ばれ、突き出しの揚げ物や佃煮になるテナガエビ *M. nipponense* は本州、九州、中国大陸に分布する。体長は6〜8センチメートルにしかならず、卵も小さい。中国ではテナガエビ類はしばしば国画（伝統の中国水彩画）の画題にされている。長くて大きい第2脚がエビの姿を魅力あるものにしているのであろうか、革命期の大画家斉白石（チー・バイシ、1864-1957）の遺作がいくつかの国の切手の図柄になったが、中国とウガンダの切手にはテナガエビの絵がある。川の中を群れて泳ぐテナガエビの生き生きとした姿を描いた佳品である。蘇州や上海ではテナガエビの"踊り"を食べることがあるらしい。皿に盛った活きエビを折って殻をとり、にんにく醤油をちょっとつけて中身を吸うようにいただくそうだが、生ものがまず出ない中華料理としては大変珍しい。

c. エビの聴覚

Palaemon serratus
ブルガリア　1996

Nematopalaemon hastatus
ナイジェリア　1988

　スジエビ類のパラエモン・セラトゥス Palaemon serratus は大西洋、地中海、黒海の 50 メートル以浅の岩場に群れるごく普通のエビである。桃色がかった透明な体に赤い横線が目立ち、体長は 10 センチメートルぐらい。スコットランドやアイルランド沿岸ではこの種を対象に年間の漁獲量 500 トンぐらいの小規模な漁業が行われている。

　甲殻類の聴覚についてはあまり研究されていないが、このスジエビについてはよく調べられている。エビの第 1 触角の基節に平衡胞があって、その中に炭酸カルシウムの円い耳石と数十本の感覚毛とが入っていて、その振動でエビは一般的な魚類と同じく 100〜3,000 ヘルツの音を感じることができる。エビの聴覚は成長に伴って増大するが、どれも少なくとも 500 ヘルツの音は感じるようである[17]。

　スジエビ類は一般に小形で、磯に生息する種類が多いが、少し大きくて食用にされるものもいる。西アフリカのセネガルからアンゴラ沿岸ではネマトパラエモン・ハスタタス Nematopalaemon hastatus がそのひとつ。体長 7 センチメートル程度で、水深 50 メートル以浅の砂泥底に生息している。カメルーンとの国境に近い、ナイジェリアのクロス川の河口付近での漁業がよく知られている。

d. 多様な共生生活

　カクレエビ類はなかなか見つからないし、採るのも難しい。なぜなら多くが透明な体で、イソギンチャクやクラゲやカイメンやウミウシの体の上に棲んでいるからだ。本州の南紀以南、インド・西太平洋のさんご礁の砂底にはハタ

イソギンチャクエビ
バヌアツ　1989

Ancylomenes holthuisi
マレーシア　1989

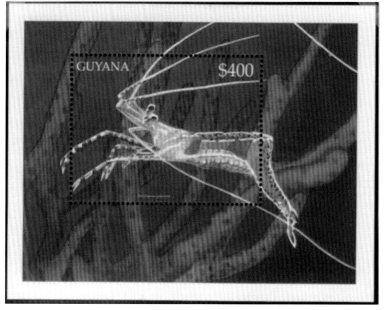

A. pedersoni
ギアナ　2000

ゴイソギンチャクがたくさんいるが、船の上からだと砂底と見分けにくい。
イソギンチャクエビ *Ancylocaris brevicarpalis* はそんなハタゴイソギンチャク
やそのほかのイソギンチャクの触手に埋まって共生している。体長4センチ
メートルぐらいで、オスはメスより小さい。アンシロメネス・ホルトハウシ
Ancylomenes holthuisi もインド・西太平洋のさんご礁に分布し、ハタゴイソ
ギンチャクなどの触手やサンゴの枝やクラゲの上で暮らしている。両種ともほ
とんど透明で、体表の斑紋はイソギンチャクに溶け込んでいるので、ダイビン

ウミウシカクレエビ
ジブチ 2000

グをしていても、よほど目をこらして観察しないと見つからない。カリブ海の
さんご礁にはアンシロメネス・ペダーソニ *A. pedersoni* がいる。これもイソギ
ンチャクに隠れて暮らす宝石のようにきれいなエビだ。魚の掃除屋で、イソギ
ンチャクを目印に魚が近づいて泳ぎを止めると、エビはすぐさま魚の体表や鰓
の中に移動して掃除を始める。インド・西太平洋の熱帯域に分布するウミウシ
カクレエビ *Zenopontonia rex* の体長は２センチメートル足らず、その棲みか
はさらに変わっている。ミカドウミウシやナマコ類の体に取り付いていて、彼
らは何をしているのだろうか？

e. 海のマルハナバチ

ヨコシマエビ
フィジー 2004

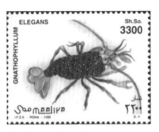

Gnathophyllum elegans
ソマリア 1998

　ヨコシマエビ *Gnathophyllum americanum* の分布はインド・西太平洋に限ら
れる。ずんぐりした体で、甲殻全体に暗い横輪の紋があって、飼育マニアの間
で「海のマルハナバチ」とか「シマウマエビ」と呼ばれる。体長４センチメー
トルぐらいで、日本海の浅瀬の岩の割れ目に隠れていて、大きなハサミで魚
の掃除もするし、フリソデエビのようにヒトデを襲って食べることもあるよ

うだ。「海のマルハナバチ」は別の海にもいる。グナソフィルム・エレガンス *Gnathophyllum elegans* である。大西洋の両側と地中海に分布し、地中海に多い。体長は 3〜4 センチメートルぐらい。ハサミが白く、褐色の甲殻全体が無数の丸い斑紋に覆われている。夜行性で、昼間はタイドプールの礫や岩の間に隠れている。

23. 川のイエローノーズ
キホカリス科

Xiphocaris elongata
英領モントセラト　1996

　キホカリス・エロンガータ *Xiphocaris elongata* はさんご礁に棲むサラサエビ類と同じイトアシエビ上科のエビで、西インド諸島の淡水に棲む固有種。体長 3 センチメートルぐらいで、長く伸びた額角が黄色いので現地ではイエローノーズ（黄色い鼻）と呼ばれている。島の静かな清流や小さな池に棲み、細い脚で水底の岩の上に立って、流れてくる木の葉や腐植片を細かく刻む行動が報告されている。切手を発行した英国海外領土のモントセラトはカリブ海の小アンティル諸島の火山島だが、1995 年以来の度重なる大噴火によって壊滅し、首都プリマスを含む島の南半分の街はいまだ放棄されたままのようである。

24. ザリガニの仲間
ザリガニ科、アメリカザリガニ科、アジアザリガニ科、ミナミザリガニ科

　大きくザリガニの仲間というと、淡水産のザリガニ類やミナミザリガニ類と海産のアカザエビ類やショウグンエビ類が含まれるが、ここでは淡水に棲むグループをまとめてザリガニの仲間と呼ぶことにする。湖や沼沢や河川に分布し、水辺や水田などで穴倉生活をしているものがいるから、なじみ深い。大型の卵を少数産み、子供は卵の中で幼生期を過ごし、成体に近い姿でふ化するので、プランクトン生活を行う時期がない。

　分類学的には北半球にいるザリガニ上科と南半球にいるミナミザリガニ上科の二つに分かれていて、全部で669種が知られている[18]。ミナミザリガニ上科はオス、メスともに第1腹肢が退化しているのに、ザリガニ科とアメリカザリガニ科とアジアザリガニ科を含むザリガニ上科のオスには交接肢に変化したこの肢がある。ザリガニの仲間は温帯域に分布し、熱帯には少ない。だから彼らの地理的分布は南北に大きく隔たっている。

a. アメリカザリガニとチョウセンザリガニ

　ザリガニはもともと「いざりがに」と呼ばれたものがなまったようなのだが、体はエビで、ハサミはカニの印象を与えるところから、子供の頃、私が育

アメリカザリガニ
米国　1984（1.7倍拡大）

チョウセンザリガニ
韓国　1997

った大阪では「エビガニ」と呼んで、いりこやスルメの切れ端を釣り竿の糸にくくりつけて、野池や田んぼを探し歩いたものである。1927年（昭和2）に米国南部のルイジアナ州からウシガエル（食用蛙）の餌として神奈川県大船に移入されたアメリカザリガニ *Procambarus clarkii* が食用蛙の養殖場を逃げ出して近くの湿地で繁殖したり、ひとの手で運ばれたりして、本州、四国と九州各地の低地の水田や池に分布を拡げた。今では日本のザリガニの代表のような感じだが、わが国には固有種がいて、北米からの移入種がもう2種いる。

　1984年5月にルイジアナ州ニューオリンズで開催されたニューオリンズ国際河川博覧会の記念切手にはその地の沼地に棲む生きものたちが描かれていて、水の中のアリゲーターガーの下にアメリカザリガニがいる。旺盛な繁殖力で在来の生きものを駆逐して日本のいくつかの湖沼の生態系を変えてしまった感のあるオオクチバスやアメリカザリガニやウシガエルは、すべて米国南部から移入されたものだ。水田の畔（あぜ）に穴をあけて水を漏らし、稲苗を切ることで農家に嫌われたアメリカザリガニであるが、祖国のルイジアナでは大変重要な存在である。州の南部、ミシシッピー川下流の一帯には湿地が広がり、アメリカザリガニの漁獲と養殖が行われている。ニューオリンズの名物はジャズとカーニバルとケイジャン料理である。街の通りを歩いていて、「脱がせて、食べて」と書かれたTシャツを着た若者に出会ったが、これはアメリカザリガニのことだった。アメリカザリガニは、米と魚とエビをたくさん使い、スパイスをよく効かせたケイジャン料理の主役のひとつで、頭の"みそ"をつぶして混ぜたビスクやエトフェイ（一種のシチュー）はおいしい。スパイスと赤唐辛子とレモンを入れた熱湯で茹でた真っ赤なザリガニを山のように積み上げて一斉に食べる、早食い競争もある。ニューオリンズでは年間5,000トンが食用にされるといわれている。

　ザリガニ類は第1脚が強大なハサミになっていて、とても荒々しい感じがする。実際、大変貪欲な食性で、蛙やオタマジャクシ、昆虫やその幼生など、

生きているものから動物の死骸や植物まで何でも食べる。わが国の水田やため池から蛭が減ったのはアメリカザリガニに食われたためという説があるぐらいだ。胃腔には半月形の大きい石灰質の結石があって、臼のような働きをし、どんな食物も細かくすり潰してしまう。この結石には別の役割もある。脱皮直後、結石は最も大きくなり、溶解して血液中に取り込まれ、新しい外殻を硬化させるのに必要なカルシウムを補給する。

　一般に生後1.5～2年で体長6センチメートルぐらいに成長して繁殖可能になる。春から夏に交尾し、メスは卵を腹部に産みつける。やがて親によく似た形の子エビがふ化するが、それらは母体の腹肢に特殊な糸で連結したまま成長する。そして母体から離れた後も、しばらくは親のそばにいて、危険を感じるたびに親のところに避難してくる。どうしてこんなにと思うほど、やさしい母と子の関係である。

　ザリガニ類は生きたまま持ち運びやすい動物なので、それまでいなかったいくつかの場所に運ばれて分布を拡げた。アメリカザリガニはアフリカ大陸にも移入され、ケニアの高地で繁殖し始めている。アジアの大部分にはザリガニ類はもともと分布せず、固有種は北海道や朝鮮半島とロシア極東部アムール川流域などにいるアジアザリガニ科のニホンザリガニ属6種だけである。そのうちの1種、チョウセンザリガニ Cambaroides similis は体長8センチメートルぐらい、朝鮮半島の渓流に棲んでいて、韓国では天然記念物に指定されている。わが国の北海道と東北地方北部の山間部には近縁のニホンザリガニ C. japonicus が分布するが、東北地方での分布は人為的な移入の可能性があり、現在では非常に少ない。

b. ヨーロッパアカアシザリガニとシロアシザリガニ

　ヨーロッパアカアシザリガニ Astacus astacus は体長6～9センチメートルぐらい、ヨーロッパの内陸地方、フランス東部からスカンディナビア半島やロシア西部にかけての河川に棲んでいる。ヨーロッパの代表的なザリガニだから、人びとに親しまれていて、甲殻類の切手では世界で最も古いものと思われるロシアの切手のほか、いくつもの国の切手に描かれている。

　フランス料理でエクルビス・ア・パテ・ルージュ（赤い脚のザリガニ）と呼ばれて珍重されるのはこれである。腹側から歩脚を見ると赤みがかっているか

ヨーロッパアカアシザリガニ　　ヨーロッパアカアシザリガニ　　ヨーロッパアカアシザリガニ
フィンランド　1991　　　　　　リヒテンシュタイン　1976　　　スイス　1996

ら、そう呼ばれるのであろう。グラタン・ド・エクルビス（ザリガニのグラタ
ン）やエクルビス・ア・ラ・ナンテュア（ナンテュア風ザリガニのソテー）に
なって白いリネンのテーブルクロスの上に並べられると、ごついザリガニを用
いた料理が不思議と上品に見える。

ウチダザリガニ　　　　　　　　シロアシザリガニ
スウェーデン　1998　　　　　　スペイン　1979

　北欧では6月下旬の夏至に最も近い土曜日、伝統的な夏至祭が行われる。そ
の日にはザリガニを食べる習慣があるので、大皿に盛ったザリガニがなくては
明るい夏の到来を祝えない。スウェーデンの切手に夏至祭の皿に盛られたウチ
ダザリガニ *Pacifastacus leniusculus* が出ている。資源量が減ったヨーロッパ
アカアシザリガニの補充に米国西海岸のコロンビア川流域から移入し、現在で
はヨーロッパの食卓に広く普及したザリガニである。かつては夏のザリガニの
季節にはパリ市内の魚屋でも生きたまま売られていたヨーロッパアカアシザリ
ガニは獲り過ぎて数を減らし、移入したウチダザリガニに付着していたカビ菌
によるザリガニペストが広がってさらに少なくなった。

同じくヨーロッパの食通に知られるザリガニにシロアシザリガニ *Austropotamobius pallipes* がいる。ヨーロッパアカアシザリガニより歩脚がずっと明るい色合いだ。フランスの南西部の山岳地帯は石灰質の土壌で覆われているところが多く、このザリガニはそんなところを流れる冷たい谷川に棲んでいて、大きいものは14センチメートルにもなる。イタリア、スペイン、イギリスの高地にも分布しており、スペインの名物料理パエーリアを彩る。フランスでは体長9センチメートル以下は漁獲を禁止するなど、各地で資源保護が行われているが、生息数が減少して、国際自然保護連合（IUCN）のレッドリストの絶滅危惧種に指定されている。そんなわけで今日、ヨーロッパの食卓に出てくるザリガニ類は北米原産や黒海周辺原産などいろいろだ。

　さて、これらのザリガニの食べ方について、宮内庁主厨長だった秋山徳蔵氏のエッセイに興味深い一節がある。「いちばん通な食べかたは、玉葱と人参とパセリのみじん切りをタイム（麝香草）、ローリエ（月桂樹の葉）と一緒にバタかオリーヴ油で炒め、殻のままのザリガニを入れて赤くなるまで炒めたら、鹽・胡椒して、ブランデーと白葡萄酒を入れて煮たててから、火を點けて酒精分を燃やしてとり、殻のまま出す。お客は手で殻をむきながら、食べる。日本のカニ料理と同様、フォークなんか使つたら味が落ちる。獨特な高雅な甘みを持つていて、まことにオツなものである」[(19)]

c. 世界最初のザリガニの切手

ヨーロッパアカアシザリガニ
ロシア、ヴェージェゴンスク　1871

　帝政時代のロシアには、広大な国土に点在する帝国郵便の集配所まで地方から郵便物を届けるため、ゼムストヴォスと呼ばれる郵便組織があった。1864年から1917年の間に345の地方で活動していたが、その間に約2,500種の地方切手が発行された。サンクトペテルブルクやモスクワを含むヴェージェゴン

スク地方のゼムストヴォスは23種の切手を発行したが、これらの中の1871年発行の4種の切手にヨーロッパアカアシザリガニとみられる図柄の付いたものがある。世界最初の甲殻類の切手である。切手には目打ちがなく、縁が不揃いに切られているところからシートに印刷されたものか封筒に直接印刷されたものらしい。台紙に1/2kop（コペイカ）は褐色、1kopは薄黄緑色、2kopは青色、5kopは赤色で印刷されている。

d. ミナミザリガニ

ザリガニと子供たち
オーストラリア　1987

Cherax papuanus
パプアニューギニア　1982

タスマニアオオザリガニ
オーストラリア　2019

C. cainii
オーストラリア　2019

　明けやらぬ朝の大気を吸って山の上に立ち、遠くに海抜3,000メートルを超える大山脈を眺める。やがて陽が昇り、低地を覆っていた霧が消えると、視界に広がるのはどこまでも続く明るい密林、ところどころから白い煙がたちのぼっている。もしかしたらウィリアム・ハドソン（W. H. Hudson, 1841-1922）の「緑の館」はこの密林のどこかにあるのかもしれない。ニューギニア島の高地はそんな思いのする、もう熱帯でも少なくなった原始と大自然が残る秘境である。これまでニューギニア島では20種以上のケラクス属 *Cherax* のザリガニが見つかっているが、1,000メートル以上の高地に点在する湖や沼に棲むも

のが多い。原住民にとっては豚や犬とともに貴重な動物蛋白源で、奥地に入ると裸の女たちが丸木舟を操りながら大きい手網を使ったり、餌を入れた籠罠を水から引き上げたりして、ザリガニを獲っている。ケラクス・パプアヌス *Cherax papuanus* はパプアニューギニアの海抜 800 メートルにあるクチュブ湖に生息している。体長 10〜18 センチメートル。

　ミナミザリガニの仲間はゴンドワナ大陸由来の生きもので、ニューギニア島、オーストラリア、ニュージーランド、マダガスカルおよび南アメリカの一部にしか分布しない。ニューギニアでは東西に連なる中央山脈に分布が限られるが、ここに棲むケラクス属のザリガニはすべてオーストラリア北部に見られるものと同じか近縁で、また島と大陸の間のアル諸島からも同じ種類が発見されている。つまり彼らは同じ環境にいた共通の祖先から派生してきたとみてよい。かつて海面が現在よりもはるかに低下していた第三紀のある期間、ニューギニア島は今日アラフラ海に沈んでいるサウル台地によってオーストラリアとつながっていた。アル諸島は台地にそびえる山々であった。そして現在ニューギニア島とオーストラリア北岸からアラフラ海に流れ込む河川はすべて台地の上で合流して一本の大河となって東の海に注いでいた。ケラクス属の現在の地理分布はこの地質学上の推定を裏づける重要な証拠になっている。

　オーストラリアはミナミザリガニ科の種の多様性が高い。淡水に棲む甲殻類で世界一大きいタスマニアオオザリガニ *Astacopsis gouldi* から一番小さく体長 2 センチメートルに過ぎないグラマスタクス・ラクス *Gramastacus lacus* まで 140 種以上が分布している。タスマニアオオザリガニはオーストラリア南部の島・タスマニアの一部に生き残っているが、体長 76 センチメートル、体重 4.5 キログラムの個体が記録されている。二番目に大きいユーアスタクス・アルマタス *Euastacus armatus* はシドニーやメルボルンの魚屋に「マーレー川のザリガニ」の名で出ているから、一匹の重さが 3 キログラムにもなる、その大ザリガニを味わってみるのも旅の楽しみだろう。もっとも、味の点ではマロンとかヤビーと呼ばれ、盛んに養殖されていて、放流によって生息域が拡大しているケラクス・カイニ *C. cainii* やケラクス・デストラクター *C. destructor* などの方がおいしい。ケラクス・カイニの原産地はオーストラリア南西部、体長は 30 センチメートル以上になるが、市場に出ているのはもっと小ぶりの個体である。

25. ロブスター

アカザエビ科

　オマールとかロブスターとか呼ばれるウミザリガニ類は、立派な形と柔らかくてあっさりした味が欧米人には特に好まれ、豪華な晩餐会のテーブルの主役になったり、いくつかの名画に描かれたりもしている。大きいハサミのたっぷりした白身と卵が特に喜ばれるが、姿も甲殻類の王者の風格がある。

フランス料理のテーブル
フランス　2005（1.5倍拡大）

ヨーロッパウミザリガニ
アルバニア　1968

ヨーロッパウミザリガニ
イフニ（スペイン領モロッコ）　1954

　ウミザリガニ類は大西洋にしかいない。東側ではヨーロッパウミザリガニ *Homarus gammarus* が、西側ではアメリカウミザリガニ *H. americanus* が獲れる。ヨーロッパウミザリガニはスコットランドからモロッコにかけての岩の多い水域と地中海西部に分布している。イギリス、フランス沿岸を中心にロブス

ターポットと呼ぶ、小割りにした板で作ったかまぼこ型の罠を使って獲るが、アメリカウミザリガニの漁獲量が年間15万トンもあるのに比べて、ヨーロッパウミザリガニはせいぜい5,000トンほどしか獲れない。大きさも形もアメリカウミザリガニとは大変よく似ているから、普通のひとにはちょっと区別がつかないだろう。味の点でもあまり違いはない。

　アメリカウミザリガニは北米のニューファウンドランドからハッテラス岬にかけてのラブラドル寒流域の、海藻の多い岩棚や砂底にすり鉢のような穴を掘って棲んでいる。水深800メートルから獲れた記録もあるが、深さ1、2メートルの浅瀬にもたくさんいて、5月から9月に近海ではロブスターポットで獲り、沖合では底引網で漁獲している。一本のロープに50個ほどのロブスターポットを20〜60メートルの間隔で付けて海底に下ろす。その罠はネズミ捕りみたいで、いったん入ったらもう出られない。そのためか、ポットに簡単に入ってしまうロブスターには"間抜け"の俗語がついている。日本に輸入されているのはほとんど北米東岸のメイン湾やセントローレンス湾産の"間抜け"である。食べるのにおいしいのは1匹の目方が600〜1,500グラムぐらいのものだが、最大の記録としては体長63センチメートル、重さ17キログラムというのが底引網で獲れている。これぐらいになるまでに何年かかるのか、魚のようなうろこや耳石がない甲殻類では年齢査定がとても難しいが、少なくとも50年ぐらいは生きていたと考えられている。

　両種とも第1脚が巨大なハサミに発達しているが、よく見ると右と左とで形と大きさが違う。左の大きい方は餌を砕くため、右の小さい方は餌を切るために使い分ける。冷たい海に棲む種だから、どちらも成長は遅い。生まれてから5〜6年かかって体重500グラムぐらいになると、メスは約1万個の卵を産む。卵は約1年間も親の腹肢に付着して翌年の夏にふ化し、幼生は10日間ほど浮遊生活をして変態し、海底に下りて成長を始める。初産の後、メスは2年に1回卵を産むことが知られている。

a. ウッズホールのロブスター

　ボストンから南東にほぼ80キロメートル、バスはノンストップでもう1時間も走っている。低い丘と灌木が続く道路わきに記憶の風景を探していたら、何の前触れもなくケープコッド運河にかかった長い橋の上に出た。それを渡る

アメリカウミザリガニ
カナダ　1998

アメリカウミザリガニ
仏領サンピエール島・ミクロン島
1995

アメリカウミザリガニ
米国　1987

とケープコッドである。ケープコッドを訳せば「タラ岬」だが、この名は清教徒たちがこの地に到着する1620年よりも少し前、1602年にコンコード号でこのあたりを探検したゴスノルド船長がタラが大漁だった記念につけたということだ。

　ニューイングランドの避暑地として名高いこの岬の南端にはウッズホール海洋研究所があって、1962年から1年間、大学院生で研究助手として、私はそこでカイアシ類の飼育実験をしていた。誰でもが自由に米国へ行けなかった時代である。メイン湾とバザーズ湾をつなぐ運河の両側は公園になっていて、春になると新緑があたりを包み、ネコヤナギの白い綿が飛び、運河にそそぐ小川にはニシンの群れが産卵に遡ってきて、何匹でも手づかみで獲れた。日曜日にはよく土手の草地に座ってボストン港からニューヨーク港に向かう大きい貨物船を眺めていた。そんなある日、突然、貨物船の船尾にはためく日章旗が目に入った。思わず水際まで走ってバンザイと叫んだら、船の方でも気がついて何人もの日本人船員が出てきて手を振ってくれた。彼らと貨物船の船跡が日本ま

で続くと思うだけでも、何かとてもよい気分になって、その日一日が楽しかった。

　タラ岬ではカレイやスズキがよく釣れた。それに研究所の前の堤防の下にはロブスターが潜んでいた。波の静かな明るい夏の休日には縁石の間からのぞいている触角を探し、イカの切り身を付けた鉤をそっと沈めてやると、やがて20センチメートルぐらいのが出てきて餌を摑まえる。ころ合いを見て餌を少し浮かせてロブスターを石から離し、左手に持った手網をその下に入れると一丁上がりになる。ロブスターに餌を摑ませるところから引き上げるタイミングまでにはちょっとしたコツがあって、餌と一緒に上がってきてくれるかどうかは何となくわかった。

　釣り上げた小ぶりのロブスターを入れたバケツに海藻をかぶせて持ち帰り、湯を沸かして青緑色の甲羅が赤くなるまで茹でる。シャワーを浴びて、白ワインを冷やして、夕食までの気分は最高だった。窓から入る潮風が心地よい。ロブスターは今でこそ、東京のレストランでも味わえるが、潮の香りのする産地で味わう獲れたてとは比較できない。茹で上がったばかりの殻から白い肉を取り出し、溶かしたバターとレモンで味わってこそロブスターの本当の値打ちが出る。これに前菜の生牡蠣_{かき}とクラムチャウダー、そして細かく切り刻んだチャイブ入りの生クリームを添えた焼きたてのジャガイモを加えれば典型的なニューイングランドのディナーで、デザートには新鮮なクランベリーをふんだんに盛ったパイかアイスクリームを楽しむのが定番のコースである。

　20年ぶりに訪れたウッズホールの港のあたりは何もかもが懐かしかった。マーサスヴィンヤード島に観光客を運ぶ、緑と白に塗り分けたフェリーの後ろに群れ飛ぶカモメにも久しぶりだなぁと声をかけたいような気がした。海洋研究所の所長の応接室にはかつての上司だったメアリィ・シアーズ博士（M. Sears, 1905-1987）が笑顔で待っていてくださった。生涯独身で80歳になる彼女はとても元気そうで、これから日課の散歩をするから一緒に歩こうと言われる。陽に焼けた肌はつやがあって、足取りは速かった。行き交う人たちが「ハァイ、メアリィ」と声をかける。海岸通りをひと回りしたら、木造の白壁に赤いロブスターの絵の看板がかかった古いレストランの前に出た。「マックが久しぶりに帰ってきたから、今日はニューイングランド・ディナーにしましょう」と彼女が言った。

b. クラムベイク

海の幸
カナダ　1951（2.5倍拡大）

　米国のニューイングランド地方にはクラムベイクという先住民伝統の料理法
がある。海岸や近くの松林の中で、地面に浅い穴を掘って熱く焼いた石を敷
き、その上に海藻に包んだ活きのよいロブスターやハマグリやトウモロコシを
並べ、周りを焼け石で囲って蒸し焼きにする。美しい浜の夕暮れ、大勢の人た
ちが集まって地ビールのサミュエルアダムスを片手にワイワイやっていると、
何とも言えない、おいしそうな香りがあたりに漂い始める。潮騒と、やがて満
天の星。焚火のそばの愉快な語らい。クラムベイクは実に楽しい思い出だ。私
はそこで研究所の人びとやその夫人たち、大学院生やそのパートナーたちと知
り合って、何もかもが珍しかった初めての米国生活を経験した。当時大学院生
で、生涯の友となったマイク・ミュリン博士（M. Mullin, 1937-2000）との最
初の出会いもそんなパーティだったような気がする。
　ミュリン博士はハーバード大学で学位を得たのち、亡くなるまでカリフォル
ニア大学のスクリップス海洋研究所でカイアシ類の研究を続け、食物連鎖のダ
イナミクスと海洋環境の結びつきを詳しく知ることが水産資源の維持と回復に
つながる道であるという信念をもって、生物海洋学をリードした。私がスクリ
ップス海洋研究所に滞在していた間、私は彼の研究室にいた。そして、二人の

生年月日が同じだったということを知っているひとたちから、私たちは「太平洋の双子 Pacific twins」と呼ばれた。彼の前向きで真摯な研究態度とその人柄からにじみ出るやさしさと公平さと謙虚さに、周囲の人びとは常に尊敬の念を持っていた。

26. ヨーロッパアカザエビ
アカザエビ科

ヨーロッパアカザエビ
アイルランド　1982

ヨーロッパアカザエビ
フェロー諸島（デンマーク領）　2013

ヨーロッパアカザエビ
クロアチア　2007

　パリに住んでいたころ、レストランや食材店で賑わうムフタール通りの魚屋でヨーロッパアカザエビ *Nephrops novegicus* をときどき見かけた。前日ブルターニュやノルマンディの漁港に水揚げされたものが、夜の間に貨車やトラックで運ばれてパリの朝市にも並べられる。とげのある大きなハサミをもって、ちょっといかつい姿だけれど、硬い甲で覆われた腹節にはとろりとした独特の舌触りの白い肉が詰まっている。茹でると甲がきれいなサーモンピンクになって食卓を色どる、フランス料理には欠くことのできないエビである。ちなみに

アカザエビはフランス語では「小さいラングスト」という意味でラングスティーヌと呼ばれる。レストランのメニューを見てうっかりラングストと注文するとオマールやヨーロッパイセエビが出てくるから間違わないように。

　大西洋北東部や北海の寒海域に生息し、北はアイスランドやノルウェーから南はポルトガルに分布がおよぶ。水深15〜800メートルの泥の中に長さ60センチメートル、深さ30センチメートルぐらいの巣穴を掘って、日中はその中で過ごし、夜になって餌を摂るために出てくる性質があるから、棲み場所は底質に大きく制約される。大きいものは19センチメートルにもなり、寿命は4年ぐらい。メスは1,000〜4,000個の卵を腹肢に抱いて1年近くも過ごすが、その間は餌を摂らず、脱皮もせず、ひたすら穴の中で卵がふ化するのを待っているらしい。実験では1年近くも何も食べないで生きたメスの記録がある。メスは次の卵を産む前に脱皮するが、オスは2、3回脱皮して成長するから、次第にオスとメスの大きさに差ができる。だから大きいものは大抵オスである。

　ヨーロッパの沿岸国では年間4万トンぐらいの水揚げがあるので、大変重要な水産物である。アイスランドの小さい港町ヘプンは島の大氷河がすぐ近くまで迫っているためか、夏でもちょっと寒く、霧の港にはヨーロッパアカザエビを獲るトロール漁船がつながれていた。街のレストラン「フンマルホフニン」はアカザエビ料理で名高い。玄関にハサミを広げたアカザエビの大きなオブジェがあり、入り口のすりガラスにもアカザエビが描かれていた。料理を頼むと、やがて、エビのすり身の入った北欧伝統のスープとエビのハサミを割るためのペンチのような道具と、蒸して背甲に縦に切れ目の入ったアカザエビが運ばれてきた。テーブルに向かいあった人びとは地ビールのヴァトナヨークを飲みながら時間をかけて真剣にエビから白身の肉を取り出して口に運ぶ。そのあとはバイキングサイズの大きなクリームブリュレ、ちょっと食べすぎの感じでレストランを出た。ヨーロッパアカザエビはどこでも資源の減少が心配されていて、アイスランドでは2018年は年間1,150トンまでの漁獲が許されていたにもかかわらず、700トンしか獲れなかったそうだ。

　駿河湾や三河湾や土佐湾では日本固有種のアカザエビ *Metanephrops japonicus* が水深200〜400メートルの砂泥底から底引網で獲れる。旬は秋、山地からは活けの状態で出荷されるので大変高価で容易に口にできないが、甘くねっとりとした濃厚な旨味は印象的である。

27. 水族館の人気者

ショウグンエビ科

Enoplometopus antillensis
アンティグア・バーブーダ　1994

E.callistus
コートジボワール　1970

　エノプロメトプス・アンチレンシス *Enoplometopus antillensis* とエノプロ
メトプス・カリスタス *E. callistus* はともに大西洋の両側（カナリー諸島から
ギニア湾とカリブ海）の暖海に分布する。いずれも体長 12 センチメートル程
度、浅いさんご礁から水深 300 メートルぐらいの岩場で見つかっている。昼間
はさんご礁の陰や岩の割れ目に潜んでいて、夜出てくるので、このエビを目当
てにナイトダイビングで水中に潜るスクーバダイバーが少なくない。体全体が
鮮やかな朱色や赤色のエビなので、水族館でも飼育されている。第 1、第 2、
第 3 脚にハサミがあるアカザエビ類と違ってショウグンエビ類のハサミは第 1
脚だけだが、ハサミを広げた姿はなかなか立派である。日本近海やフィリピン

諸島やハワイ諸島からはショウグンエビ *E. occidentalis* など数種が報告されている。

28. 釣りの餌
カリキリ科

Kraussillichirus kraussi
シスカイ（南アフリカ）　1984

　入り江の潮間帯に発達した干潟には小型のエビが巣穴を造って潜っている。アナエビの仲間（カリキリ科）は干潮線の砂地に棲んでいて、釣り人が一本釣りや延縄の餌によく使う。クラウシリキルス・クラウシ *Kraussillichirus kraussi* は南アフリカを含むインド洋沿岸の干潟に見られる小さなスナモグリの類である。体長は5センチメートル足らずだが、ハサミ脚が大きく、体長の半分ぐらいもある、釣り餌によく使われるエビだ。獲り方が面白い。干潟の水が引いたら、その上を歩いてエビの巣穴を探し、ヤビーポンプと呼ばれる長さ1メートルぐらいの、注射器を大きくしたような筒型の吸い込み器を巣穴に突き刺し、泥を水と一緒に吸い取ったあと、干潟の上に広げて泥の中からエビを拾う。ちなみにヤビーはオーストラリアではザリガニ類のことだが、スナモグリとザリガニとは区別されないようだ。

　ヤビーポンプは近年各地の干潟で内在性甲殻類の採集調査に使われるようになり、テッポウエビ科やスナモグリ類やマメガニ類の多様性の解明が大きく進んでいる。

29. 化石のエビと生きた化石のエビ

エリオン科、センジュエビ科

Eryon cuvieri
リビア　1996

センジュエビ
コートジボワール　1971

センジュエビ科の後期幼生
モナコ　1994

　エリオン・キュビエ *Eryon cuvieri* は、始祖鳥が発見されたドイツのゾルン
ホーフェンの中生代ジュラ紀層（約1億5,000万年前）で見つかった化石のエ
ビである。胸甲が平らで幅広いのが特徴で、大きさは約10センチメートル。
海底に溜まった堆積物を食べていたらしい。「リビアの化石シリーズ」として
発行された切手の一枚にこの種の図柄があるから、本種の化石はリビアでも見
つかっているのかと、柄沢宏明博士（瑞浪市化石博物館）に尋ねたところ、こ
れはリビアの化石ではなく、ゾルンホーフェンの標本を模したものと思われる
ということであった。

　エリオン科のエビは化石しか見つかっていないが、現生のセンジュエビ科の
エビの後期幼生と形態が似ていることから、センジュエビの仲間はエリオン科
から深海へと適応拡散した生きた化石（遺存種）ではないかと考えられてい
る。彼らは世界中の中深層と漸深層に分布し、40種以上確認されている。甲

殻は堅いが、歩脚は細長くあまり強靭ではない。第1胸脚から第4胸脚、種によっては第5胸脚までがその先端にハサミを持つことから、千手観音に因んでセンジュエビという名前がつけられた。このエビの眼柄は退化し、角膜などの痕跡もない。センジュエビ *Polycheles typhlops* は体長5〜10センチメートル、汎世界的に分布しており、大西洋では西アフリカのギニア湾からアンゴラにかけてと、カリブ海およびメキシコ湾で採集されている。生息水深は500〜1,300メートルぐらい、海底の砂地に隠れていて、獲物の接近を感じて捕食するようだ。

　モナコの切手に深海魚のデメニギスと並んで描かれているエビにはエリオネイカス・アルベルチ *Eryoneicus alberti* と書かれているが、小西光一博士によると、これはセンジュエビ科の後期幼生で、成体が不明の、いわゆる"幼生種"である。このため現在は、動物命名法国際審議会の裁定によってエリオネイカスという属名の使用は認められていない。種小名のアルベルチは、おそらく深海生物調査で大きな貢献のあったモナコ公国のアルベール1世に因んだものと思われる。

30. 王者の貫禄、イセエビ類

イセエビ科

　イセエビ科は現在12属に分かれているが、深海性の種を含む属を除いて地域固有の分布が際立っている点が特徴的である。一番種類の多いイセエビ属 *Panulirus* は暖水系で低緯度水域の浅海に分布するのに対して、次いで種類の多いミナミイセエビ属 *Jasus* は冷水系で、南半球の高緯度水域の浅海に棲む。一方、深い海に生息するクボエビ属 *Puerulus* は低緯度水域で、ヨーロッパイセエビ属 *Pacinurus* は高緯度水域で分布を拡げた。このように属によって分布が異なるので、同じ場所から複数の属の種類がみつかることはあまりない。系統進化の面からイセエビ科は、第2触角のつけ根に鳴音器を持つイセエビ属の系統と鳴音器を持たないミナミイセエビ属の系統に分かれる。化石の記録から判断すると、それぞれはジュラ紀以前の古い祖先の時代から分化して進化して

きたものらしい。

　英語ではスパイニーロブスター（spiny lobster）と呼ばれるが、クレイフィッシュ（crayfish）とかクロウフィッシュ（crawfish）といわれることもある。クレイフィッシュは crawl（這う）と同じ語源から来たもので、淡水に棲むザリガニを指すが、イセエビ属には鳴音器からギーという音を出すことから cry（鳴く）にかけてクロウフィッシュになったという説もある。しかし、実際はどちらも古いドイツ語やフランス語のクレビス（カニ）のなまった発音に fishが付いただけのことらしい。現在では米国やオーストラリアではあまり区別することなしに使われている。

　イセエビ類は夜行性で雑食であるが、貝類を最も好んで摂食する。卵はメスの腹部にブドウの房のように抱かれて育ち、長い眼柄を持った、板ガラスのように薄べったい半透明のフィロゾーマ幼生になってふ化する（40頁、ポルトガルの切手）。幼生は親にはまるで似ていない姿で、4ヶ月から1年近く浮遊して生活の場を広げ、脱皮を繰り返して、浅瀬に近づき、やがて親によく似たプエルルス後期幼生に変態して底生生活に移る。近年、フィロゾーマ幼生がクラゲに乗って大洋を移動しているらしいことが知られて、クラゲライダーの生態が注目されている。幼生の扁平な体と長い脚と鋭いかぎ爪は、クラゲに乗って大海原を旅するのに適した形態なのかもしれない。彼らの多くがクラゲの刺胞に刺されることなく、魚に食われそうな危険な海を単独で泳ぐことなく、クラゲに守られて、そして時にはクラゲの体の一部を食べながら、浅瀬に向かっているとしたらイセエビ類の生活はますます面白い。

　世界の海から漁獲されるイセエビ類は年間約6万トンに達する。漁業価値のあるのは15種ぐらいだが、抜群に重要なのがフロリダ半島やバハマ諸島を囲むカリブ海で獲れるカリブイセエビ Panulirus argus である。何しろイセエビ類全体の40％以上を占める漁獲があって、その次によく獲れるオーストラリア西岸のオーストラリアイセエビ P. cygnus と南アフリカのケープミナミイセエビ Jasus lalandii を大きく引き離している。カリブイセエビは体長60センチメートルにもなるが、市場に出るのは20センチメートル前後の個体である。水深100メートルぐらいまでの岩礁に棲むが、漁師はニューイングランド地方のロブスター漁のように餌を入れた籠を使って深さ30メートル前後の浅瀬でエビを獲っている。

a. 海の翁

イセエビ
日本　1966

イセエビとシバエビ
マナーマ（アラブ首長国連邦）　1971

ケブカイセエビ
台湾　1961

ケブカイセエビ
トランスカイ（南アフリカ）　1989

　イセエビ *Panulirus japonicus* は古くから海の翁と呼ばれ、長寿を祝う縁起物として正月や祝宴の料理には欠かせぬものであった。中国でもイセエビは老蝦とか竜蝦とか呼ばれて高齢や高貴を象徴するエビになっている。日本、台湾、朝鮮半島および東シナ海の岩礁性の浅海だけに棲んでいるが、日本の沿岸に殊に多く、房総半島から九州までの太平洋岸で漁獲される。日本料理ではエビが活きのよいことが条件で、ポン酢醤油で食べる活き造りは西洋料理にない贅沢だし、茹でて食べても味は熱帯産のイセエビ類の比ではない。まさに日本を代表する食用エビといえるだろう。江戸時代には、江戸や大坂で諸大名などが初春のご祝儀とするため、イセエビが極めて高値で商われていたことが、井原西鶴（1642？-1693）の『日本永代蔵』や『世間胸算用』などに記されている。殻は風疹や麻疹の特効薬として、古くから漢方で用いられてきた。
　値が高いから乱獲に陥りやすい。体長35センチメートルぐらいにまで成長するのだが、そんなに大きい個体をみることは大変少なくなってしまった。か

つては日本だけでも年間 2,000 トン以上も獲れていたが、現在は 1,200 トン程度である。資源量が減って、祝い事の折詰などに入っているのはインド洋やオーストラリアやニュージーランドから輸入された代用イセエビが多くなったし、本場の伊豆の温泉ホテルでも、並みの宴会では本物にはなかなかお目にかかれない。

　漁期は 10 月から 4 月にかけてで、5 月から 8 月の産卵期は資源保護のために禁漁としている地域が多い。漁法には刺網漁と潜水漁、蛸脅し漁がある。イセエビは昼間、岩陰に隠れているから、岩礁の周りに目の粗い刺網を張っておき、夜になって貝類やウニを食べに出てくるのをからめて早朝に網を上げる。潜水漁は海女が岩場に潜んだイセエビを手づかみにするというもの。蛸脅し漁は長崎県五島地方の伝統的な漁法で、竿の先にイセエビの天敵のマダコをくくりつけて水中の岩穴で動かして、イセエビが驚いて後ろへ飛び出したところをかぶせ網で捕るというものである。

　高価なイセエビを養殖できたらと思うひとは少なくない。事実、今日まで各地で人工増殖が試みられているが、フィロゾーマ幼生の期間が約 300 日もあって、その間の死亡率が高く、事業化には至っていない。しかしながら、インド・西太平洋の広い浅海に分布し、日本沿岸でも見られるケブカイセエビ *Panulirus homarus* については、インドネシアのロンボク地方などで部分的な養殖が行われている。浮遊生活から沿岸に近づいて岩礁に着生し始めた体長 4 センチメートルぐらいの後期幼生を大量に捕獲し、浮き生簀の中で、9 ヶ月ほど餌を与えて蓄養し、一匹が 300 グラムぐらいになったら取り上げて市場に出すのである。

　魚介切手シリーズのひとつとして発行された日本切手のイセエビは日本画家の加藤栄三（1906-1972）の作品、マナーマの切手は安藤広重（1797-1858）の浮世絵である。永寿堂版「魚づくし」のひとつで、天保 3 年（1832）に出版された。

b. 海流の道

シマイセエビ
キリバス　1998

ブラジルイセエビ
カーボベルデ共和国　1993

ネッタイイセエビ
マダガスカル　1993

　イセエビ属は約32種が知られているが、ほとんどすべてが赤道を中心に北緯約35度と南緯約30度に囲まれる熱帯・温帯水域の100メートル以浅に分布する。長い進化の歴史を通して、イセエビ類はフィロゾーマ幼生期の浮遊生活の間に海流に運ばれて島伝いに次第に分布を拡げ、それぞれの場所での環境に適応しながら、そこで固有種になったのであろう。しかし、太平洋と大西洋の広さは、熱帯を縦断する大陸とともに種の交流の大障壁となった。彼らの分布は今日、インド・西太平洋区、東太平洋区、西大西洋区、東大西洋区に明瞭に分かれていて、シマイセエビ *Panulirus penicillatus* だけが太平洋の東西両岸に分布する。おそらく赤道付近を東向きに流れる赤道反流と途中に散在する南海の島々とが幼生の分布と拡散に大きな役割を果たしたのであろう。

　日本ではイセエビとシマイセエビが伊豆、南紀、沖縄諸島などの黒潮に洗わ

れる岩礁地帯で、ネッタイイセエビ *P. longipes* が南西諸島で漁獲される。ネッタイイセエビはアフリカ東岸から西太平洋に広く出現する典型的なインド・西太平洋区分布種である。一方、ブラジルイセエビ *P. echinatus* は西大西洋区に分布し、北ブラジル沿岸やカーボベルデやカナリー諸島で記録されている。オスの体長は19センチメートルに達し、カーボベルデやセントヘレナ諸島で漁獲されている。

ウデナガリョウマエビ
グレナダ　1990

　リョウマエビ属は現存種がウデナガリョウマエビ *Justitia longimanus* 1種のみで、ほかに化石で2種が知られているだけだが、この種はカリブ海やメキシコ湾、ハワイ、インド・西太平洋区など、世界中のさんご礁域に分布している。体長は20センチメートルに達する。ダイバーたちの写真撮影の対象になることが多いが、生息数は多くない。彼らはその生息域をどのように拡げてきたのだろう。

c. 赤いせえび、青いせえび

ニシキエビ
モーリシャス　1969

ゴシキエビ
蘭領ニューギニア　1962

　エビやカニは茹でると赤くなるものが多い。これは加熱によって甲殻に含まれているカロチノイド系色素のアスタキサンチンが、生きているとき結合して

ゴシキエビ
ニューカレドニア　1980

アフリカイセエビ
モーリタニア　1964

いたグロブリン蛋白から分離して酸化することで鮮やかな赤色のアスタシンに変化するための現象である。魚類は自身でアスタキサンチンを合成できない。鯛や金目鯛の表皮のきれいな赤や鮭肉のピンク色は、彼らがアスタキサンチンを大量に含む小型の甲殻類をたくさん食べて蓄えた色である。

　イセエビのように甲殻が暗い赤色で加熱後の発色がよいものは、「鬼がら焼」のように料理名から甲羅の赤さをうたうわが国では、赤いせえびと呼ばれて珍重される。これに対してニシキエビ *Panulirus ornatus* やゴシキエビ *P. versicolor* は生きているときの甲殻が暗緑色で、茹でても橙色になってしまう。これらのグループは青いせえびと呼ばれている。

　味や発色は一段落ちても、ニシキエビやゴシキエビは甲殻や歩脚の色彩や斑紋が美しいので標本や観賞用に剝製にされ、高値で販売されている。ニシキエビはイセエビ類の中で最大の種で、体長60センチメートルにも成長する。南東アフリカ沿岸から紅海、台湾、ポリネシア周辺にかけて分布し、さんご礁斜面からやや深い砂泥底に棲んでいる。ゴシキエビもインド・西太平洋の普遍的な種で、体長は30センチメートルぐらいになる。地中海北西岸と西アフリカのモロッコからアンゴラ南部までに棲むアフリカイセエビ *P. regius* は大西洋東部の青いせえびである。頭胸甲に幅広い黄色の横縞があるのが特徴で、体長25センチメートルぐらいになる。

d. カリブイセエビの行進

カリブイセエビ
バハマ諸島　1995

カリブイセエビ
英領ヴァージン諸島　1979

カリブイセエビ
バハマ諸島　1971

ニシインドイセエビ
コスタリカ　1979

　カリブイセエビは大西洋西部とカリブ海の熱帯水域に多く、体長は45セン
チメートルにもなる。キューバやニカラグアをはじめ、カリブ海周辺の国々に
とって米ドルを稼ぐ貴重な水産資源である。漁獲量は1990年代に年間3万ト
ンを超えたが、獲り過ぎで現在は2万トン程度に減った。米国ではアメリカウ
ミザリガニ（ロブスター）が一番好まれていたが、漁獲生産が追いつかなくな
ったためにイセエビ類のテール（尾部の冷凍品）を大量に輸入するようになっ
た。中米や西インド諸島の国々が競って自国のカリブイセエビを宣伝しようと
した結果、あちこちから同種の切手が20種以上も発行されている。
　カリブイセエビについてよく知られているのは、その神秘的な行進である。
フロリダ半島の秋、ハリケーンの季節が終わって海が再び静けさを取り戻す
頃、何万匹もが岩穴を出て、隊列を作って海底を歩き始める。行進は南へ向か
って昼も夜も続き、この間、列に並ぶエビはすぐ前のエビの尾部を触角や脚で
触って指令を伝達しあっているようで、決して列を乱さない。ヴァージン諸島

やバハマ諸島の切手にその様子がちょっと示されているが、澄み切った青い海底を、まるで蟻の隊列のように一列になって行進するカリブイセエビを、何かの記録フィルムで見たことがある。なぜ列をつくるのか、そしてどこに行くのか、何のためなのか、いくつかの仮説はあるものの本当のことはよくわかっていない。海の生きものの行動には私たちの知らないことやわからないことがまだまだ多い。

　同じカリブ海や西インド諸島の浅瀬には、やや小型のニシインドイセエビ *Panulirus guttatus* がいる。体長は20センチメートルぐらいで、日本のイセエビに似るが、数が少ないので漁業資源としてはさほど重要ではない。この種を命名したピエール・ラトレイル（P. A. Latreille, 1762-1833）は長くフランス国立自然史博物館で研究生活を送り、昆虫学のプリンスと称えられたひとだ。もともとカトリックの僧侶を目指していたときにフランス革命が起き、1790年に成立したフランス聖職者基本法に従わなかったために死刑を宣告されたが、地下牢で死を待つ間に行った甲虫のアカクビホシカムシの研究によって、釈放されて昆虫学者に転じたという数奇な運命で知られている。彼は昆虫学だけでなく、節足動物全般の分類学にも通じた。十脚類、端脚類、等脚類などの命名者でもある。

e. ブルターニュ地方のラングスト

 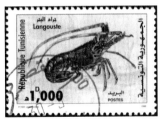

ヨーロッパイセエビ
ユーゴスラビア　1956

ヨーロッパイセエビ
チュニジア　1998

　イセエビ属とヨーロッパイセエビ属の間では学名の綴りがあまりにも似すぎているために、専門家ですらときどき混乱してしまう。イセエビ属が暖水域の浅海に棲むのに対して、ヨーロッパイセエビ属は大西洋北東部とインド洋南西部のやや深い海に分布する。代表的なヨーロッパイセエビ *Palinurus elephas*

Palinurus mauritanicus　　*Palinurus delagoae*
モーリタニア　1964　　モザンビーク　1981

はアイルランドから地中海沿岸に、パリヌルス・モウリタニクス *P. mauritani-cus* はアイルランドからセネガル沿岸に生息している。どちらもヨーロッパの人びとにはラングストとかクロウフィッシュと呼ばれて賞味され、それらを対象にするフランスのブルターニュ地方の伝統的なラングスト漁はよく知られている。

　水深50〜100メートルの岩の多い海底に、餌を入れたエビ籠（罠）を沈めておくと、夜、ラングストがその中に入る。ブルターニュ地方では赤色の強いヨーロッパイセエビは赤色いせえび、やや色が薄いパリヌルス・モウリタニクスをバラ色いせえびと呼んで区別している。あの辺りは夏でも風が冷たく、一日中雲が飛ぶように流れているのに、空は一向に明るくならない。厚手のセーターを着て散歩した海岸の防波堤の陰には樫か栗の木で作られた古い円筒形のエビ籠がいくつも積んであった。もう長い間使われていないのか、棄てられたものか、枠にくっついたヒトデや貝殻もすっかり乾ききって白っぽかった。夏が短いブルターニュ地方の浜辺は、終わってしまった恋のように沈んだ寂しい気分があって、南仏コートダジュールの華やかな明るさとは対照的である。

　ヨーロッパイセエビはカニや二枚貝を食べて育ち、大きいものは体長40センチメートル、重さ2キログラム以上になる。春になって水温が上昇し始めると産卵を開始し、メスは約15万個の卵を初冬まで腹肢に抱える。南アフリカ東岸やマダガスカル沖の水深250〜400メートルからはパリヌルス・デラゴエ *P. delagoae* が獲れる。体長25センチメートルぐらいになる。

f. 南の冷たい海の美果

トリスタンミナミイセエビ
英領トリスタンダクーニャ諸島　1970

セントポールミナミイセエビ
仏領南極地域　1997

ケープミナミイセエビ
南西アフリカ　1983

ミナミイセエビ
ニュージーランド　1998

　ミナミイセエビ属には7種（1種は化石種）が知られていて、それぞれが南
回帰線と南極収斂線の間の、南極を取り巻く特定の狭い水域に離ればなれに
棲んでいる[20]。トリスタンミナミイセエビ *Jasus tristani* はトリスタンダクー
ニャ諸島に、セントポールミナミイセエビ *J. paulensis* はセントポール島とア
ムステルダム島に、そしてフェルナンデスミナミイセエビ *J. frontalis* はファ
ン・フェルナンデス諸島に生息し、いずれも孤島の経済を支える水産物であ
る。ファンデーションミナミイセエビ *J. caveorum* は1995年にニュージーラ
ンド漁船によって太平洋南東部の海山群で発見されて、漁獲されるようになっ

た。海山の水深は 140 メートルである。南アフリカのケープミナミイセエビ *J. lalandii* は一時、年間約 1 万トン以上の水揚げがあって、オーストラリア東南岸で年間 3,000 トン以上獲れるミナミイセエビ *J. edwardsii* とともに、腹甲の背面に敷石のような彫刻模様をもつ変わった"いせえび"として、わが国にも輸入されている。

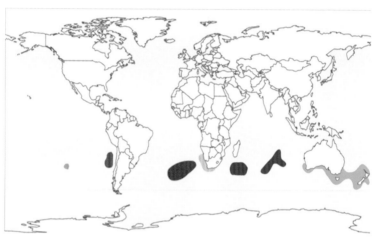

ミナミイセエビ属の種の地理分布（Phillips[20]、2006）
オレンジ：ファンデーションミナミイセエビ、紫：フェルナンデスミナミイセエビ
赤：トリスタンミナミイセエビ、黄：ケープミナミイセエビ
青：セントポールミナミイセエビ、緑：ミナミイセエビ

フェルナンデスミナミイセエビ　　ファン・フェルナンデス諸島の動植物
チリ　1948　　　　　　　　　　　チリ　1974

フランス生まれの博物学者クロード・ガイ（C. Gay, 1800-1873）の『チリ自然誌』の出版100周年（出1844-1848年）を記念してチリで発行された切手は25種の動植物が25枚の切手に印刷された珍しいタイプで、その中の一枚にフェルナンデスミナミイセエビが描かれている。この種は東太平洋にぽつんと浮かんだファン・フェルナンデス諸島の入植400年記念切手（1974）にも出ていて、こちらは島の位置と代表的な動植物の4枚の切手が一組になっている。これまでフェルナンデスミナミイセエビをチリ本国の沿岸に移入する試みが何度もなされたが、不成功に終わっている。絶海の孤島にこの種を結びつける要因はいったい何なのだろう。

　オーストラリアは淡水に棲むミナミザリガニ類が多いし、海ではオーストラリアイセエビやミナミイセエビがたくさん獲れるから、それらの味を楽しめる。シドニーに行ったら東部のパルマ通りにあるレストランBでミナミイセエビ（サザンロックロブスター）の活き造りをいただこう。イタリア料理が看板で、メキシコ人の歌い手がマリアッチを演奏し、サザンロックロブスターの刺身が出るという、いかにも寄せ集めの国らしい店なのだが、ともかく美食家も感激するに違いない。バーのカウンターでワイングラスを傾けていると、ウエイターが傍らの水槽から40センチメートルもあろうかという大きいのを摑み出して見せてくれる。近頃すっかり小さくなってしまった"いせえび"しか見ていない眼には、ひとりでは到底食べきれないようなミナミイセエビは、まるで暗い海底の岩穴から赤紫の鎧をつけて出てきた怪物のように映るに違いない。しかし、レモンと酢醤油で味わう、透き通って冷たく、きめが細かくてはじけるような肉の舌触りはまさに絶妙極上の味である。

　比較できるほどいろいろな"いせえび"を食べたわけではないが、概してミナミイセエビ属のエビはイセエビ属より味がよい。分布が属の北限に近い日本のイセエビは別として、温かい海に棲むイセエビ属は大味で、ちょっと青臭い妙な脂臭が気になって感心しない。ミナミイセエビ属は南極海につながる寒海にいる。氷を浮かべた海水と暴風圏からの荒波がこのエビを磨き、頑丈な殻の内側に、透明で引き締まった美果を充たすのだろうか。

コラム3　混ぜて減らす

　38億年の地球の生物の歴史の中で、生物進化と物質環境系は相互作用を通して影響しあい、生物種間の相互作用を通じて共進化を遂げてきた。その結果、豊穣で多様な生物が海にも陸上にも棲むようになった。約500万年前に現れたヒトも生物多様性があってこそ、そこから生まれてくることができたといえる。

　しかしながら、見事な生物多様性のシステムと最適なバランスによる生物進化の道は、ヒトの科学技術の進歩と文明社会によって大きく影響されるようになった。殊に20世紀に至って人間生活の爆発的な発展のために物質環境系は変化を余儀なくされ、環境調和型の生態系のシステムは変化している。ヒトによる食料の獲得や土地の開拓がヒト以外の個体数密度を減らし、棲み場所を奪い、他の地域と水域からの外来生物の導入や環境汚染が域内の土着種や汚染に弱い種を減少させている。今後、30年の間に、数千万種と推定される地球上の生物種の20％以上が絶滅するだろうという予想さえある。

　切手に現れたエビやカニでも、それぞれの博物誌から懸念される現状をうかがうことができるだろう。日本では過去50年の間に、スナガニ類の棲む砂浜や干潟の約40％が全国の海岸から姿を消した。埋め立てと海岸線の人工構造物の建設（コンクリート化）と陸上からの汚染物質の流入によってクルマエビ類の生育場であるアマモ場や藻場が著しく減少している。地球全体で見れば、海のオアシスと呼ばれるさんご礁が気候変動によって大規模に白化して瓦礫になってしまった。さんご礁にはオトヒメエビやサンゴガニ類ほか多様な甲殻類がその上にひしめくように暮らしている。気がつかないうちに、見えない海の中ではいったいどんなことが起こっているだろうか。ヒトの少ない熱帯の海洋島でもヤシガニを見つけることは容易でなくなった。漁業の対象になるエビやカニは常に乱獲の危機にさらされている。漁獲技術は飛躍的に進歩し、その規模は水域の生物を獲り尽くすことができるまでに拡大して、アマエビやロブスターを含むすべ

ての水産生物で漁獲量が減少している。また、ヒトの移動が盛んになり、バラスト水や水産物の移動によって、チチュウカイミドリガニやチュウゴクモクズガニに代表される外来種の移入や分布域の拡大が起きている。それによって土着種が激減し、生態系のかく乱が起きた水域が少なくない。懸念されるのは人間活動の増大による生物種の混合と、それによる種数の減少、つまり“地球規模で混ぜて減らす”事態なのである。

　生物多様性は本当に必要なのかと疑問を呈するひとがいるし、深海やさんご礁にいてヒトの生活と直接関係の薄い膨大な種類の甲殻類をすべて守る必然性があるのだろうかとか、環境が変わっても、何らかの別の生きものが増えて多様性が保たれているだろうから心配することはないという楽観論もある。しかし私は、干潟にカニが群れ、磯にフジツボが密集し、岩場にイセエビが隠れ、いろいろな種のエビやカニの味を楽しめる現在の世界を後の世代のひとたちにも残しておきたい。健全な海の価値への敬意を喚起しながら、生物多様性の保全はまだできるし、そのために努力を続けてゆく必要があると思っている。

31. 泥底に潜む異相のエビたち

セミエビ科

Scyllarides latus
カーボベルデ共和国　1993

Scyllarides latus
セネガル　1968

メキシコゾウリエビ
パナマ　1976

Parribacus caledonicus
ニューカレドニア　1980

Scyllarus depressus
ベリーズ　1982

　セミエビ類は餌を入れた籠罠にはあまり入らないので、底引網で漁獲される ことが多い。セミエビ科のうちで比較的よく目にするのはセミエビ属 *Scyllarides*、ゾウリエビ属 *Parribacus*、ウチワエビ属 *Ibacus* である。どれも 体が扁平で、ウチワエビ以外は蝉や草履というより地下足袋の裏底という形を している。足袋の指にあたるところが第2触角で、セミエビ類では指先が幅広 で円く、ゾウリエビ類ではそこにいくつかの切れ込みがある。ウチワエビ類は 体の前部が広がって、柄の短いしゃもじに近い形なので区別しやすい。これら の種類の中には大きいものがいるし、食べてもおいしいから、もっと漁獲され てもよいと思うのだが、殻が厚くて硬く、扁平で、ちょっと異様な形のため か、わが国では都会の食卓に上ることがあまりない。

　しかしフランスでは、ポルトガル沿岸と地中海全域の100メートル以浅に 棲んでいるシラリデス・ラタス *Scyllarides latus* をシガル・デ・メール（海の 蝉）と呼んで、オマールのように扱っているし、切手にはないが、東南アジア の国々でも海鮮料理店の店先の水槽にセミエビ *S. squamosus* が入っているの をしばしば見かける。また、オーストラリア東岸でたくさん獲れるウチワエビ モドキ *Thenus orientalis* には「モレトン湾の甲虫」という名がついていて、

一部の食通にはオーストラリアで一番おいしいエビといわれているほどである。ビールとチーズがおいしいタスマニアのロンセストンの、入江に面したレストランで「モレトン湾の甲虫」を味わったが、料理人の話では、焼いてもよいが、茹でてから白い身を取り出して刻み、細ネギのみじん切りを加えて胡椒を効かせたオムレツにするのが一番ということだった。

パナマの切手のメキシコゾウリエビ *Evibacus princeps* はカリフォルニア半島からペルー沿岸の浅海に分布し、パリパクス・カレドニクス *Parribacus caledonicus* は太平洋中部、オーストラリア東岸からサモアにかけてのさんご礁で比較的よく見つかる。後者は大きさが8センチメートルぐらいだから、幼児の草履というところか。水族館でよく飼育されている。ベリーズ（旧英領ホンジュラス）の独立1周年記念の切手にシラリデス・アキノクティアリス *Scyllarides aequinoctialis* と書かれたものがある。この種はメキシコ湾やカリブ海やブラジル沿岸に分布し、体長が30センチメートルにもなる。ところが、切手の図はヒメセミエビ属のシラルス・デプレッス *Scyllarus depressus* のようだ。体長7センチメートルぐらいで、米国東岸からメキシコ湾、西インド諸島を経てブラジル北部までの浅海に生息している。

32. ヤドカリの仲間
ヤドカリ科、ホンヤドカリ科、オカヤドカリ科

ヤドカリの仲間は貝殻に腹部を入れて生活する習性を持つ、ヤドカリ科、ホンヤドカリ科、オカヤドカリ科などを含む異尾下目の生きものである。一見ヤドカリとは関係がなさそうなヤシガニはオカヤドカリ科のカニだし、タラバガニも同じ異尾下目のカニである。海岸で遊んだヤドカリや縁日の夜店で買ってもらったオカヤドカリとともに過ぎた夏の日のざわめきを思い出すひとが多いだろう。磯の岩場で小さなヤドカリを見つけて持って帰り、金盥に入れてじっと眺めていた頃が懐かしい。

貝殻の外に出ているヤドカリの上半身は固い甲に包まれ、大きいハサミを広げてたいへん強そうだが、貝殻に入った部分はどうなっているのだろう。腹部

の後端にはやすりのような面を持った腹肢や尾節があって、これで巻貝の殻軸にしっかりとしがみついているから、無理に引っ張り出そうとするとハサミや体がちぎれてしまう。貝殻から取り出す一番良い方法は、殻軸の先端にマッチの火を近づけることで、そうすればヤドカリは慌てて飛び出てくる。

　ヤドカリの腹部はやわらかで、袋のようで、右巻きにねじれていて、小さな腹肢が左側からだけ３本か４本出ている（111頁図参照）。このことでヤドカリ類（異尾下目）はイセエビ類（イセエビ下目）とカニ類（短尾下目）との中間の動物群と解釈されていたこともあったが、今は短尾下目と異尾下目は姉妹群として扱われている。ヤドカリはゾエア幼生の間、腹肢は未分化か原基的で、メガロパ（古くはグラウコトエ）と呼ばれる後期幼生が脱皮し変態すると、成体と同じように右側の腹肢がなくなってしまう。腹部が右にねじれているのは、宿にする巻貝に右巻きが多いことと関係がある。巻貝の殻の中で腹部の右側を殻軸に密着させると、腹肢のある左側には隙間ができるから、ヤドカリのメスはそこに卵を抱いて育てる。このように腹肢は卵を抱くのに必要だが、オスには無用の飾りものに過ぎない。そのためか、タラバガニや陸上で暮らすヤシガニのオスでは腹肢が完全になくなってしまっている。

　体が大きくなって、棲んでいる貝殻が窮屈になると、ヤドカリは適当な大きさの貝殻を見つけて宿替えをしなければならない。空き家が適当な大きさかどうか、ヤドカリはまずハサミをコンパスのように開いて間口を測り、次にハサミを殻の中に入れて奥行きを測る。コンパスの幅はヤドカリの腹部の幅と、またハサミ脚の長さは腹部の長さとほぼ一致しているから、どちらも満足したとき、ヤドカリは狭くなった殻を飛び出して、急いで新居に移り棲む。

　浅海には巻貝の種類も数も多いから、適当な空き家が見つかりやすい。磯に棲んでいるホンヤドカリ類は20種余りの貝殻を利用している。しかし、深くなって巻貝の種類が少なくなると、宿になる貝殻は限定される。水深500メートル以深では、貝殻を使わず、スナギンチャク類などの刺胞動物と共生するものが多くなる。

　ヤドカリ類には巻貝の代わりにカイメンや軽石の中に寄居するものがあるし、ホンヤドカリ科のカイガラカツギ Porcellanopagurus japonicus は巻貝を利用することはなく、常に二枚貝の貝殻の半片を背負っている。このような習性を考えると、ヤドカリが巻貝に棲むのは安全な殻に入ることのほかに、腹部

110

を固いものに接触させることによって外敵から身を護る走触性から発達したものらしい。寝冷えの予防のために腹巻きをしていたひとが、やがて腹巻きなしには安眠できなくなってしまう話とちょっと似ているようでもある。

Petrochirus diogenes
キューバ　1969

a. 磯の人気者たち

ユビワサンゴヤドカリ
ココス（キーリング）諸島
1992

コモンヤドカリ
オーストラリア
1966

Paguristes cadenati
バルバドス　1985

　ヤドカリ科の種類の多くは熱帯や亜熱帯の浅い海に棲み、わが国では100種近くが報告されている。ユビワサンゴヤドカリ *Calcinus elegans* はインド・西

太平洋のさんご礁に見られる甲長３センチメートルほどのヤドカリで、比較的殻の分厚い巻貝に入っていて、波当たりの強い磯で見つかる。眼柄が青く、歩脚は黒地に青色のバンドが指輪のように入っていて美しく、飼育しやすいこともあって、鑑賞用に人気がある。コモンヤドカリ *Dardanus megistos* は南紀以西のインド・西太平洋に広く分布し、さんご礁のある潮間帯で普通にみられる大型のヤドカリである。甲長５センチメートル、甲や脚、体長は 30 センチメートルくらいになり、体の表面に黒で縁取りされた白い円紋が散在するから、ほかの種類と容易に区別ができる。ヒメヨコバサミ属のパグリステス・カデナテ *Paguristes cadenati* は甲長３センチメートルほど。小さいけれど眼柄が黄色で体が鮮やかな赤色のよく目立つヤドカリである。カリブ海やメキシコ湾のさんご礁に見られる。

　ヤドカリ類では腹肢だけでなく、ハサミ脚も多くの場合、左右不相称で、この特徴は後期幼生のときからはっきりしている。左右のどちらが大きいかは科によって大体一定していて、ヤドカリ科の種は左ハサミが大きいか左右同大である。もっとも、カリブ海からブラジル南岸に広く分布するペトロキルス・ディオジェネス *Petrochirus diogenes*（111 頁図参照）やミギキキヨコバサミ属 *Pseudopaguristes* の種は例外で、右ハサミが左より大きい。ペトロキルス・ディオジェネスは甲長７センチメートルにもなる大型のヤドカリで、成長すると地元でクイーンコンクと呼ばれる大きなホラガイを襲って肉を食べ、その貝殻を宿にして棲みつくことが知られている[21]。

ケスジヤドカリ
モナコ　1980

Pagurus bernhardus
ソマリア　1998

　ケスジヤドカリ *Dardamus arrosor* はアフリカ西岸のギニア湾や地中海からインド・西太平洋、オーストラリア沿岸に広大な分布域を持つ種で、わが国でも房総半島から九州沿岸の水深 200 メートル以浅の砂泥底に棲んでいる。成長

すると甲長6センチメートル以上にも成長して、ヤシロガイやボウシュウボラなどの大型巻貝を宿にし、初夏には鮮紅色の卵を抱く。面白いことに、その宿貝の表面にはヤドカリイソギンチャクやベニヒモイソギンチャクが必ず付着している。モナコの切手に描かれているのは、地中海に見られるヤドカリイソギンチャクの仲間のカリアクティス・パラシティカ *Calliactis parasitica* である。

　一部のヤドカリとイソギンチャクには見事な共生関係があって、ヤドカリは刺胞に毒を持つイソギンチャクを背負っていることで外敵から守られ、イソギンチャクが食べ残した餌をもらうだろうし、イソギンチャクはヤドカリが動き回ることで餌を捕らえる機会が増える。ケスジヤドカリが成長して新しい空き家に引っ越すときには、ハサミを巧みに使ってイソギンチャクを古い宿貝から新しい宿貝に移し替えてしまう。下宿人を連れて引っ越す、親切な大家である。このような習性はヨーロッパの大西洋岸、ロシアからポルトガル沿岸の岩場や砂地に見られるホンヤドカリ属のパグルス・ベルンハーダス *Pagurus bernhardus* でも知られているようだ。このヤドカリは甲長4センチメートル足らず、寿命は4年ぐらいと報告されている。

b. ヤシガニ

　ヤシガニの学名ビルグス・ラトロ *Birgus latro* のラトロというのは泥棒とか追剥ぎという意味で、ヤシガニにとってははなはだ不名誉な名なのだが、これは闇夜に紛れてヤシの木に登ってその実を盗むというところから来たらしい。

　ヤシガニは琉球列島を含めてインド・西太平洋の熱帯域の島々に分布している。第1胸脚が大きいハサミになっていて、必ず左側が大きい。第2、第3胸

ヤシガニ獲り
ニウエ　1976（1.5倍拡大）

ヤシガニ
クリスマス島　1963

ヤシガニ
トンガ　1984

ヤシガニ
マーシャル諸島　1986

　脚は長くて、歩くのに使われる。全体が紫褐色で、体の表面は水分の蒸発を抑えるために硬くなっている。甲羅の左右が大きく膨れているのは鰓室の部分で、内側の壁には水分を十分に蓄えることができる海綿状組織がある。

　ココヤシやアダンの茂る海岸に棲んでいて、昼間は穴に入ってじっとしているが、夜、外出してヤシの実を食べたり、若芽をかじる。もっともヤシガニといってもココヤシだけが彼らの餌ではなく、アダンなどいろいろな熱帯の植物の実も食べるようだ。ヒトが南洋の島々にココヤシを移植して拡げた歴史以前からヤシガニはいたはずである。

　ヤシガニは大きくなると陸上だけで暮らし、"宿借り"もしないが、子供のときは海でヤドカリの仲間らしく育つ。夏の夜、卵を抱いたメスが続々と海岸に出てきて、渚でゾエア幼生を水中に放つと、幼生は海中でプランクトン生活に入る。やがてグラウコトエ後期幼生から脱皮して、甲長10～15ミリメートルの幼体に変態すると、そのねじれた腹部を小さい巻貝の殻に入れて這って歩く。宿借り生活は1年間続くといわれている。ヤシガニは成長すると甲長17センチメートル、重さ2キログラムにもなって、昔からオセアニアの島民たちが捕まえて食べていた。ニウエの切手にあるように、ヤシガニの出るあたりにココヤシの実などを割っておき、夜、餌に誘われて出てきたヤシガニを、たいまつをかざして探して歩くという。島では焼いたり、ヤシ油で揚げたり、煙で燻したりして調理する。腹部は脂肪に富み、ハサミ脚の肉や精巣は殊においしいということだったが、石垣島で食べたヤシガニは焼きすぎたのか水気が失われて、味はそれほどでもなかった。

　ところで、ヤシガニがヤシの木に登って実を落とすというのはどうも本当のことではないようだ。目撃者はいないし、実際、木についている若い果実より

熟して下に落ちている果実の方が中の脂肪が多くておいしいはずである。今ではヤシガニの泥棒説は作り話という意見が強い。そうだとすると、木に登るかどうかも怪しくなるが、こちらは必ずしも嘘ということにはなっていない。ヤシガニを捕まえる方法のひとつに次のようなものがある。ヤシガニが登りそうな木の幹の上の方に草や棕櫚の葉を束ねて巻いておくと、夜になって穴から出てきたヤシガニが登り始める。やがてこの障害物を難なく通過してさらに上に登るが、下りるときが問題だ。ヤシガニの爪は下向きの姿勢では役に立たないので、体を上向きにしたまま下を見ないで降りるよりしようがない。島の住人によると、草の束のところまで降りてくると、ヤシガニはもう地上に降りたと錯覚して木から爪を離してしまうらしい。朝になって、木から落ちて動けなくなっているのを拾って帰るというのである。

　南の島のロマンを感じさせるヤシガニも近頃は数が減り、ニューギニアあたりでも今ではひとの少ない小島や無人島に行かねば容易に見つからなくなってしまった。集落の近くではヒトに捕まるばかりでなく、放し飼いの豚や犬にも食われてしまうようである。沖縄の阿嘉島では 1996 年 10 月にキャンプをしていたひとたちが、甲長 15 センチメートル、重さ 1.5 キログラムのヤシガニを捕まえたが、それ以後は姿が見えない。

33. タラバガニの仲間
タラバガニ科

a. タラバガニを釣った

　しけがおさまって、久しぶりに薄日の射す霧のベーリング海ブリストル湾で、プランクトン採集と海洋観測が終わってほっと一息、船べりからホッケの切り身を鉤につけて投げ込んだままにしておいた釣り糸を何気なく手繰ったら手ごたえがあった。一向に引いたり動いたりはしないのだが、じわっとした確かな重量感とともにやがて 50 メートルの海底から水面に上がってきたのは脚を広げると 80 センチメートルもあるタラバガニ *Paralithodes camtschaticus* だった。恩師の元田茂先生が団長だった北海道大学の練習船「忍路丸」による第

タラバガニ
ソ連　1975

タラバガニ
北朝鮮　1967

46次調査航海（1960）でのことである。

　甲には肉がないが、ハサミと歩脚に一杯に詰まった白くてはじけるような筋肉は素晴らしくおいしい。殊に、新鮮な茹で上がったばかりのタラバガニは絶品で、航海中に洋上で招かれた母船「錦洋丸」の船上で大皿に山盛りにしてご馳走になったハサミの味は、函館から数千キロメートル離れた冷たい北洋での不自由な日々をたちまち忘れるぐらいおいしかった。

　キングクラブと呼ばれるように、タラバガニはカニ類の王者である。明治の終わり頃に北海道で行われていたカニ缶詰事業が、大正10年（1921）にはオホーツク海の母船式カニ漁業に発展して洋上で缶詰ができるようになり、以後タラバガニは北洋カニ缶詰として盛んに欧米に輸出され、日本の水産業を支えてきた。川崎船と呼ばれた漁艇が海底に刺網を下ろして、カニを網地に絡ませて獲り、母船に集めて直ちに処理して缶詰を作った。しかしカニ漁場は西カム（カムチャッカ）とブリストル湾で、それぞれがロシアと米国の大陸棚上だったために、戦後、日本の北洋漁業は厳しい規制を受けて生産は減少し、1973年を最後に蟹工船は姿を消した。

　タラバガニがヤドカリと近縁の生きものであることは近頃では比較的よく知られている。普通のカニと違って、第5脚が甲羅の下に隠れているので、ハサミ脚を入れても脚の数は左右4対（8本）しか外からは見えず、腹部の形がいびつで、オスでは腹肢が退化し、メスでは左側だけに残っている。日本海北部

からオホーツク海、ベーリング海、アラスカ湾、北極海に分布し、朝鮮海峡が日本海の分布の南限になる。主に水深200〜300メートルの砂礫底に棲んでいて、貝やウニを食べている。

　タラバガニが親になるのは甲幅が10センチメートルになってからである。毎年春、一匹のメスが15万〜40万個の卵を産む。卵はメスの腹部に抱かれて発育し、翌年春にふ化してゾエア幼生になる。そこでメスガニは再び交尾して産卵を始める。寒海性だけにタラバガニの寿命は長く、20年以上生きるようだ。大きいものは甲幅25センチメートル、重さ7.5キログラムにもなるが、近頃は北洋でも「25年ガニ」と呼ばれて、脚を広げると1メートルに達する個体は見られなくなった。

　西カムでは、4月、流氷が動いて、ようやく海が明るくなる頃、卵を抱いたメスが幼生の餌の豊かな浅海に移動してくる。ふ化が始まり、水中にゾエア幼生が乱舞する。5月になるとオスも現れ、約1ヶ月にわたって交尾と産卵が行われる。タラバガニはそれから沿岸に沿って餌を探しながら移動し、沿岸水の温度が下がりだす初秋に再び深みに戻っていく。低気圧が次々に通過し、氷に覆われた極寒の海に吹雪が荒れる冬の間、タラバガニは深海の海底でじっと春を待つのである。

b. 全身とげだらけ

ハナサキガニ
ロシア　1993

Neolithodes grimaldii
グリーンランド　1993

　ハナサキガニ *Paralithodes brevipes* という和名は、かつての漁場であった北

海道東端の花咲半島に因んでいるようである。ベーリング海からオホーツク海沿岸、北海道周辺に分布し、昆布の多い場所に生息しているところから昆布ガニの別名がある。北海道ではノサップ岬周辺の水深30～50メートルで、カニ籠で漁獲される。甲幅は15センチメートルに達し、漁獲が許されるのは甲幅9センチメートル以上で、それまでに8年くらいかかると考えられている。現在の漁獲量は100トン以下。稚ガニは潮間帯域に見られ、ふ化後3年目くらいから水深200メートル程度に移動する。殻が硬くて全身にとげがあり、近縁のタラバガニよりとげが長く、脚が太くて短い。脚肉は太くて詰まっているが脂肪分が多く、味はいまひとつというひとがいる。

　大西洋北部、主にグリーンランド南部からカナダ東岸ニューファウンドランド沖にかけての冷たい深海に、全身をとげに覆われた大ガニがいることは以前から知られていた。ネオリトーデス・グリマルデイ *Neolithodes grimaldii* で、甲長は10センチメートルを超え、脚を広げると1.2メートルにもなる。このカニはタラバガニのように浅海に移動することなく、常に1,000メートル以深に分布するので、漁業の対象にはなっていないが、水深2,000メートルにもおよぶデービス海峡で、ときどきエビ網漁やタルボット（カレイの仲間）の底刺網漁で混獲される。さて、どんな味がするのだろう。

c. パタゴニアのミナミタラバガニ

ミナミタラバガニ
チリ　1990

Lithodes murrayi
仏領南極地域　1989

　かつては4万トン以上獲れ、現在でも海域全体で年間6,000トンほどの漁獲のある北洋のタラバガニほどではないが、南半球にも漁業の対象になり、近頃、日本の市場にも出るようになったタラバガニの仲間がいる。ミナミタラバガニ *Lithodes santolla* である。タラバガニより少し小ぶりで、甲長は最大19

センチメートル。甲羅や脚の色がやや白っぽい。このカニは大西洋のフォークランド諸島沖合から太平洋チリ沖の水深100〜600メートルに棲んでいる。国連食糧農業機関（FAO）の資料によると、漁獲量は1975年までは年間1,000トン以下だったが、その後、急激に増加して、2011年には8,000トンを超えた。漁場になるパタゴニアの海は島と海峡が複雑に入り組んだ地形だから、チリとアルゼンチンとの間で領海をめぐってしばしば紛争が起きる。1967年にはビーグル海峡でミナミタラバガニを獲っていたアルゼンチンの漁船が、チリの監視船に拿捕されて大きな領海紛争に発展した。

　インド洋、太平洋、大西洋の南極海周辺にはもう一種のタラバガニの仲間リトーデス・ムライ *L. murrayi* がいる。甲幅は10センチメートル程度。多くのカニ類やヤドカリ類と同じく雑食性で、消化管からは藻類、ヒドロ虫類、苔虫類、貝類、甲殻類など多様な底生生物が見つかっている。パタゴニア沿岸だけでなく、ニュージーランド沿岸の水深1,000メートルぐらいまでに生息し、南アフリカ沖の南緯51度に位置する仏領クローゼット諸島周辺では少量ながら漁獲されている。

34. コシオリエビの仲間
コシオリエビ科、チュウコシオリエビ科、
シンカイコシオリエビ科、カニダマシ科

a. 海上を赤く染める大群

　ニュージーランド南島の東岸からタスマニアの南岸周辺と南米パタゴニアのティエラ・デル・フエゴ南部の海面を赤く染めるチュウコシオリエビ属のムニダ・グレガリア *Munida gregaria* の後期幼生による大集群は、17世紀の探検航海時代にこの地域を航海した多くの航海士や探検家や海賊たちが目撃し、記録に残しているほどの海の驚きのひとつだった。ムニダ・グレガリアの産卵は5月に始まり、抱卵したメスから9月になるとふ化が始まる。南半球の夏、10月から5月、外洋で浮遊生活をしながら幼生期を過ごしたムニダ・グレガリアは甲長2〜3センチメートルのメガロパあるいは後期幼生になって、底生生活

Munida gregaria
英領フォークランド諸島　1994

Galathea strigosa
サハラ・アラブ民主共和国　1999

を始めるために沿岸の浅瀬に近づく。そのとき、海面には大群による赤い縞が
でき、海岸には波に打ち上げられたムニダ・グレガリアの赤い帯ができる。そ
れほどの濃密な群れができるぐらいだから、資源量は莫大で、周りの魚類やイ
カ、海鳥、そして時にはクジラ類の重要な食料源になっている。成体の大きさ
は5〜7.5センチメートルぐらいである。

　2000年1月、ニュージーランド南島のオタゴ港にムニダ・グレガリアの大
群が接岸し、これを求めて魚類や海鳥やアザラシが集まった。そのときは海岸
に打ち上げられたムニダの腐った臭いが街中に満ち、ムニダを食べた海鳥の糞
で屋根も道路も赤くなったと報じられている。それほど多いので、この種は漁
業の対象に考えられ、アルゼンチンなどではトロールによる試験操業が行われ
たが、年によって群れの変動が大きく、商業化には至っていない。

　1976年に設立されたサハラ・アラブ民主共和国は、北アフリカの西サハラ
に存在する国家・亡命政府である。欧米や日本などの先進諸国はモロッコとの
関係から国家としては承認していないし、万国郵便連合にも入っていないの
で、その国の切手は郵便切手とは認められないかもしれないが、切手にコシオ
リエビ属のガラテア・ストリゴサ *Galathea strigosa* の図柄がある。コシオリ
エビの仲間の多くは小さくて、甲長8ミリメートル以下だが、北東大西洋と地
中海に分布する本種の甲長は5センチメートル以上になり、体は赤褐色の甲に
空色の横線が入っていることですぐにわかる。地元では食用にされるが、市場
に出ることはない。因みに、馬場敬次博士によると、コシオリエビの仲間で最
も大きい種は、大西洋およびインド洋の深海から記録された甲長9センチメー

トルのムニドプシス・アリエス *Munidopsis aries*（シンカイコシオリエビ属）
である。

b. 切手になった新種

Munidopsis treis
ニューカレドニア　1990

　コシオリエビの仲間で一番種類が多いのはチュウコシオリエビ属で360種以
上、その次に多いのはシンカイコシオリエビ属である。276種が記録されてい
るが、多くは深海性で水深500メートル以深から採取されている。そのうちの
ひとつ、ムニドプシス・トレイス *Munidopsis treis* の切手がニューカレドニア
から発行された。このシンカイコシオリエビははじめは南オーストラリアのグ
レート・オーストラリア入江とタスマニア沖の水深366〜820メートルで発見
された。甲長が9〜16ミリメートルぐらいの小さな種である。2004年に新種
として報告されたが、切手が発行されたときは、まだ、この種が未記載種かど
うかわからなかったので、切手にはシンカイコシオリエビの一種とだけ書かれ
ている。

c. カニだまし

　カニダマシ科の仲間はカニに似ているが目の後ろに鞭のような長い触角があ
り、歩脚は外観上3対しかない。腹部にはエビのような尾扇が残っていて、危
険を悟るとそれを使って後ろに跳ねる。大きなハサミがあってもカニの仲間で
はなく、コシオリエビ類の系統の一群になる。まさに"カニだまし"だ。
　アカホシカニダマシ *Neopetrolisthes maculatus* は自由生活をせず、常にカク
レクマノミやクマノミ類が共生するハタゴイソギンチャクやその近縁種の触手

アカホシカニダマシ
ツバル　1993

アカホシカニダマシ
グレナダ　1997

の間に体を埋めて、扇子のような第3顎脚を大きく広げて、流れてくる有機物
を捕らえて餌にしている。大きなハサミは餌をとるためではなく、外敵を威嚇
するために使われる。甲幅は15ミリメートル程度で、甲背が平滑で磁器のよ
うな光沢がある。日本からオーストラリア北部にかけて、西太平洋のさんご礁
に広く分布している。

35. カイメンを背負って

カイカムリ科

Dromidiopsis edwardsi
パラオ　1987

Dromia personata
タンザニア　1994

　カイカムリ類は生きているホヤやカイメン類をハサミ脚で適当な大きさに切

り取って甲に背負っているものが多い。その4対の歩脚の3番目と4番目の脚は甲羅の背中側に向いていて、それらの先端は短く尖ったハサミ状になって、背中にホヤやカイメンを捉えている。こうしてカニはカムフラージュをしているのだが、カイメンやホヤはそのままカイカムリの背中で成長する。やがて背負っている荷物が大きくなりすぎて動けなくならないのかと思うぐらいだが、生きている荷物の形はそのうち甲羅の形に適合してくるから不思議な共生関係である。

　パラオの切手に出ているマルミカイカムリ属のドロミディオプシス・エドワージ *Dromidiopsis edwardsi* はホヤを担いでいるようだ。西太平洋の熱帯域、インドネシア、パラオ、グレートバリアリーフなどのさんご礁でよくみられる。大西洋北東部や地中海の浅海にはドロミア・ペルソナタ *Dromia personata* が分布する。ハサミ脚の先端を除いて甲羅全体が暗褐色の毛に覆われ、大きなカイメンを背負っている。移動には2番目と3番目の胸脚しか使わないので、動きがとても鈍い。そのために「眠りガニ」(sleepy crab) という呼び名がついている。

36. アサヒガニ
アサヒガニ科

アサヒガニ
ギルバート・エリス諸島　1975

アサヒガニ
台湾　1981

アサヒガニ *Rania rania* は本当のカニ（短尾下目）の仲間だが、格好はカニらしくない。甲羅が縦長で、腹甲が背面から見える。甲羅の形はオスとメスで違っていて、ギルバート・エリス諸島の切手はオス、台湾のはメスである。砂の中に体の後ろ半分を潜らせて、長い眼柄を前方に伸ばしているところは、地面に伏せている蛙のような感じがして、英語でフロッグクラブというのは実にうまい表現だ。甲幅9〜12センチメートル、アフリカ東岸からハワイまでの水深20〜50メートルの砂底に棲んでいるが、ふだんは眼と触角以外は砂の中に潜っているので水中で探しても見つからない。

沖縄や台湾やフィリピンでは秋から翌年春にかけて漁獲され、近年はオーストラリアのクイーンズランド州南部でも年間3,000トンぐらいが獲られている。沖縄慶良間諸島の阿嘉島で、小舟に乗ってアサヒガニを獲りに行った。ケラマブルーの澄んだ水の砂地の上に船を浮かべて、島の漁師の金城さんが作った、直径50センチメートルの針金の輪に目合いが5センチメートルぐらいの刺網を少し弛ませて張った仕掛けを何十枚も海底に下ろした。仕掛けの中央には餌の魚の切り身が結んである。やがて、餌を求めて砂の中から出てきたアサヒガニは、この独特の仕掛けの網に絡まるわけだが、網をあげるタイミングが極めて難しい。あげるのが早すぎるとアサヒガニは離れてしまうし、カニが仕掛けにかかって暴れているとさんご礁の魚に食べられてしまうので、あげるのが遅れると、網にはカニのハサミや脚がわずかに絡まって残っているだけになる。茹でたら、甲羅が見かけほど分厚くないことに気がついた。あまり動かないカニのせいか、中身の白い肉は柔らかくて、甘酢で食べるのがよかった。

アサヒガニの歩脚は扁平で、泳ぐのに適しているように見えるが、これは砂を掘り、後ずさりして砂の中に体を隠すのに使われる。横には歩かず、前後に動くだけというのもカニらしくないカニである。

37. カラッパの仲間

カラッパ科、キンセンガニ科

a. 恥ずかしがり屋のカニ

マルソデカラッパ
ニューカレドニア　1982

Calappa galloides
ネイビス島　1990

C. granulata
キプロス　2001

C. granulata
モロッコ　1965

　カラッパという変わった名は、ヤシの実を意味するインドの言葉にもとづくという説とノルウェーの古語の拍手（klappa）から来たという説があって、はっきりしない。背面から見ると甲羅が半球状に盛り上がって腹甲とともに分厚い外骨格で内甲系や内臓が完全に覆われていて、ヤシの実を連想させるし、前から見るとたしかに左右の巨大なハサミで拍手しているようにも見える。このカニも横歩きは不得手らしく、もっぱら砂の中に後ずさりをするだけである。甲羅に比べて脚は小さく、甲の両脇のひさしのような張り出しの下に収容されているから、英名でボックスクラブと呼ばれるのは容易にうなずけるが、ドイツ語の呼び名が面白い。恥ずかしがり屋のカニ（Schamkrabbe）という。巨大なハサミを甲の前面で重ね合わせる動作が恥ずかしさに顔を隠すように見えるからだろう。もっとも、これはカラッパがほかのカニのような横歩きができな

いわが身を恥じているからではない。砂の中で呼吸の水に砂が混じるのをこのハサミを使って防いでいるのである。

　アフリカの東岸から日本の南西岸やハワイにかけて、水深5〜15メートルの砂底に棲むマルソデカラッパ *Calappa calappa* はカラッパ属の中で最も大きい方で、甲幅は12センチメートルに達する。同じ仲間のカラッパ・ガロイデス *C. galloides* はメキシコ湾やカリブ海に分布し、カラッパ・グラニュラータ *C. granulata* は東大西洋、地中海、紅海沿岸の砂地に潜ってじっとしている。甲幅12センチメートルくらい。どのカニも体全体が砂色または砂色に暗色の斑紋があって、砂をかぶっていると、まず見えない。

　カラッパ類の右側の可動指（上の爪）の根元には強大な牙のような歯があって、不動指（下の爪）の基部に、その歯の"受け"が発達している。彼らは巻貝の空殻に棲んでいるヤドカリ類を好んで食べる。カニはこの牙状の歯でヤドカリが入った巻貝を砕き割るが、その方法は実に巧妙で、右側のハサミの歯が缶切りの役目を果たし、左側の歯のないハサミで巻貝を回しながら貝殻をバリバリと割ってゆくのである。

b. キンセンガニを食べる？

コモンガニ
タイ　1979

アミメキンセンガニ
タイ　1978

　キンセンガニの仲間は甲羅の側縁中央からとげが横に突出しているのと、ハサミ脚以外の四対の胸脚が扁平で、最後の脚は先の方がガザミのように丸くなっているのが特徴である。平たい脚は泳いだり、砂の中に潜り込んだりするのに使われる。

　コモンガニ *Ashtoret lunaris* やアミメキンセンガニ *Matuta planipes* はインド・西太平洋に広く分布し、日本ではキンセンガニ *M. victor* が房総半島以西

の渚から水深15メートルぐらいまでに普通にみられる。キンセンガニ類は
人、人、人で泳ぐ場所もないような夏の湘南海岸のあたりでも子供たちがどこ
からか捕まえてくるぐらい、砂浜には多い。これらのカニは砂に潜ったのを網
ですくうと脚を縮めて丸くなり擬死（死んだふり）をする。手で捕まえること
もできるが、挟まれるとかなり痛い。口の外側の側板に栗粒のような突起が列
をなしていて、これにハサミの内側をこすりつけてゼーゼーという音を出すと
ころから、沖縄八重山地方ではピンギャーカン（百日咳のカニ）と呼んでい
る。

　キンセンガニ類を描いた切手がタイの水産切手シリーズにあるが、甲幅が
4センチメートルぐらいにしかならない小ガニがタイ国では食べられるのだろ
うか。もっとも中国南部からベトナム、タイにかけての地域は、わが国の食道
楽も驚き後ずさりするような珍品が店先に並ぶところだから、浜の小ガニもご
く普通に食べられているのかもしれない。バンコクの市中では甲の内側に黄色
い卵がぎっしり詰まったカブトガニを裏返して金網の上で焼いている。メナム
の川沿いの騒々しい市場には、コウモリや蛙や、卵殻の中でひよこになりかか
っている産卵後2週間目ぐらいの卵が並べられているし、脇の路地の屋台では
ゲンゴロウやタガメの唐揚げを売っている。ゲンゴロウは機能低下気味の中年
男性に霊験あらたかとか、タガメの効果については寡聞だが、巨大で艶のある
奴は見るからに魔力を秘めているような感じがする。子供たちが夜、池のそば
の誘蛾灯に網を張って待ち構えていて、光を求めて飛んでくるのを捕まえるの
だそうだ。

38. クモガニの仲間
ケアシガニ科、クモガニ科、ケセンガニ科、モガニ科、
ミトラクス科、イッカククモガニ科

a. ズワイガニ
　北陸や山陰地方の冬の味覚として知られるズワイガニ *Chionoecetes opilio*
は、産地によって、松葉ガニとか越前ガニとかヨシガニと呼ばれているが、す

ズワイガニ
日本　1999

ズワイガニ
韓国　2001

ズワイガニ
グリーンランド　1993

べて同一種の地方名である。カニ漁業の盛んな福井県あたりでは性別や発育の時期によっても違った名称がつけられていて、大型のオスをズワイガニ、抱卵メスをセコガニ、卵巣卵の成熟した産卵前の未交配のガニをゼンマルなどと呼んでいる。日本海では水深200〜400メートルで、11月と12月、底引網で漁獲される。漁獲可能量制度（TAC）が導入されて、漁獲量は年間4,000トン前後に制限されている。

　ズワイガニを漢字では楚蟹と書く。「楚」という漢字は訓で「いばら」、音で「そ」と読む。古くは「すわえ」とも読まれ、"若い枝の細くまっすぐなもの"を意味し、なまって「ずわい」とも使われていた。つまり、枝のように細長い脚を持つカニということだろう。このカニは酢にあえて食べることから、「すあえ」「ずあえ」「ずわい」と発音が変化したという説もある。

　太平洋側ではベーリング海、アリューシャン列島・カムチャッカ沿岸、日本海に、大西洋側ではグリーンランド西海岸から北米メイン州沿岸に分布している。多くは水温1〜3℃の水深200〜600メートルに生息しているが、もっと深いところでも生きられるらしく、日本海では水深2,200メートルから獲れた記録がある。日中は砂泥底に潜り、夜間出てきて活動するので、漁獲は夜間に行われる。10年以上生き、甲幅が7センチメートルくらいに成長した初産のメスは1年半ほど抱卵して幼生を放出し、その後は毎年続けて11ヶ月間も卵を抱いている。卵がかえるのは春先で、5万個から10万個の卵のうち、親になるのはわずかの3〜4匹である。オスは2年に1回ぐらい脱皮して成長するが、メスは初産後は脱皮することなく、甲幅が8センチメートルぐらいで成長が止まるので、雌雄間の大小の差が大きくなる。市場にあがる甲幅10センチメートル以上のカニはすべてオスである。

ズワイガニは交尾期が近づくと水深 200 メートルぐらいの浅海に移動する。底引網やカニ籠を積んだ漁船が鳥取や若狭湾の寒空の港に並ぶのはこの頃（11 月）である。このカニは脚の筋肉繊維が一番おいしい。真夜中の魚市場で大釜から茹で上がったばかりの脚をもぎ、どんぶり鉢に中身を落として二杯酢か三杯酢で食べるのが最高であると開高健氏がそのエッセイの中でズワイガニを大いに讃えているが、私もゴム長の先がジンジンするような夜明け前の魚市場で、調査ノートを手にして沖から帰ってくる漁船を待ったことがある。眠気覚ましに暗い岸壁に立つと海鳴りと風ばかり。耳を澄ましても船のエンジンの音はなかなか聞こえてこなかった。

　ズワイガニは脚のむき身を軽く熱湯で洗い、わさびと薄い酢醤油で食べる刺身や、生をほうろくで焼き、酢橘汁をおとした薄口醤油で食べる焼きガニも絶妙の味である。近年はカニもどきの大変良くできた練り製品が売れているが、やはり本物のあの白く輝くような脚の肉の色と舌触りにはかなわない。茹でガニの冷凍品は酢と塩を少し入れた熱湯でゆがくと安全だし、肉に含まれていた水気がぬけておいしくなる。

b. 殻も役に立つ

　エビやカニの殻に含まれるキチンとそのキチンをアルカリ処理して得られるキトサンには金属の吸着作用や、抗菌作用、降コレステロール作用、腸内環境改善効果などがあることが知られていて、これらに関連した多くの薬品、医薬品、健康食品などの商品が発売されている。

　ヒトはキチンを消化できないが、キチンはヒトの細胞や生体になじみやすく、最終的には生体の酵素で分解されて吸収される特性があるから、その性質を活かして、手術用の縫合糸や皮膚欠損用創傷被覆材にも用いられている。ヒトの皮膚は体の表面にある表皮とその下にある真皮からできているが、火傷などで真皮に傷がついた場合には治りにくい。それは、真皮には血管や汗腺や毛根などの器官が入り込んでいて、それらの再生に時間がかかるからである。そこで、現在の医療ではカニの甲羅から抽出してシート状にしたキチン創傷被覆材を患部に貼り、皮膚が再生するまでの保護膜として役立てている。キチンには止血や殺菌効果があるうえ、本来の皮膚が再生されれば分解されて自然に消滅する利点があるので、火傷の治療には効果がある。キチンやキトサンの製造

に用いられているのは、主にズワイガニと、切手にはなっていないが、近縁の
ベニズワイガニ *Chionoecetes japonicus* の殻である。

ベニズワイガニは日本海で最初に発見されたカニだ。深い海（500〜2,500 メ
ートル）から刺網やカニ籠漁で捕獲される。肉は甘みがあるが、水分が多いの
で保存しにくく、缶詰にされることが多い。年間の漁獲量は1万4,000トン程
度、カニクリームコロッケの材料になっているのは大抵この種である。

c. タカアシガニ

タカアシガニ
モナコ　1964

クモガニ科のタカアシガニ *Macrocheira kaempferi* は脚を広げると3メート
ルを超えるものがあり、世界で最も大きい節足動物である。その分布は日本の
太平洋岸に限られ、駿河湾の水深50〜300メートルの砂泥底が生息地として最
もよく知られている。

オランダ東インド会社の医師として日本に渡ったドイツ人、エンゲルベル
ト・ケンペル（E. Kaempfer, 1651-1716）は1690年9月から約3年間、長崎の
出島に滞在し、この間二度、オランダ商館長の江戸参府に随行している。江
戸への旅の途中、駿河国でこの脚の長い大ガニを初めて見てたいへん驚いた
ようだ。彼の日本誌は『*The History of Japan*』の題で、その死後、英国（T.
Woodward, London: 1728）をはじめヨーロッパ諸国で出版されたが、その中
にタカアシガニがシマガニの名で、中村惕斎の訓蒙図彙（1666）から模写した
図入りで説明されている。「このカニは、東部の海および駿河湾でたくさん獲
れる。私は駿河湾の近くにある小料理屋からこの蟹の脚の部分をもらってきた
が、その形はいかにも男の脛に似ていた」[22]。このカニの長い脚には黄色の地
に赤い不規則な縞模様があることから、当時の人びとは縞ガニと呼んでいたの
であろう。ライデンにあるオランダ国立自然史博物館で日本から送られた標
本を見たが、それに付けられた布にも墨で「志まがに」と書かれていた。学名

（種小名）のケンペリは彼の採集を記念してオランダの動物学者コンラッド・ヤコブ・テンミク（Temminck, C. J, 1778-1858）によって命名された。因みに新種の記載は「多様な形態の甲殻類の中から、全長数フィートもある巨大なカニ *Maja kaempferi* を新種として発表する。オスの脚の長さは4フィートに達する。このカニのハサミはほかの生きものを脅すのに十分なほど鋭く強大である」というわずか5行の簡単なものである[23]。

　タカアシガニはモナコ公国で発行された切手の図になった。本家の日本の切手にはまだないが、飼育しやすく博物館や水族館での展示効果が大きいこともあって、その名は世界中で知られている。ところがタカアシガニの生活史については ほとんど何も知られていない。産卵期が春らしくて、その頃は浅所に移動するようだが、幼生はどこで生活し、成熟するまで何年かかるのか、何もわかっていない。

　かつて、桜の季節にJRの駅に、西伊豆の温泉地を旅してタカアシガニを味わおうという大きな宣伝ポスターが貼られていた。見たひとは多いかもしれない。ところが、これは客を集めるほど味のよいカニではない。遠縁にズワイガニがいるのが信じがたいくらいだ。大きいカニほど身入りが悪く、水っぽい。おいしかったという評も耳にしたが、私は抜け殻のような長い脚を前にして期待はずれの気分になったことがある。

　残念なことにタカアシガニの数が年々減っているらしい。沼津市戸田漁港の底引網で一年に獲れるのはせいぜい8,000匹で、値は上がったが獲れなくなったというのが、漁師たちの話である。個体は年々小さくなって、記録に残るような大きいカニは今日ほとんど見られなくなってしまった。しかも、調理に手頃な大きさといってメスガニが獲られているのは資源保護の点から問題である。観光客が増えると、ますますタカアシガニが少なくなるのは目に見えている。日本にしかいない、この大ガニを保護するどころか、食い気と宣伝ばかりを先行させて獲りつくしてしまっては情けない。貴重な大ガニは見せるだけにする方がよい。目先だけの地域振興と観光宣伝はほどほどにしてもらいたいと思う。

d. 雄大なオスのハサミ

ヒラアシクモガニ
台湾　1981

ノコギリガニ
モルディブ　1978

コノハガニのオス（左）とメス（右）
モルディブ　1978

　クモガニの仲間はそれだけでも６科に分かれて変異に富んだグループである。一般にカニはオスの方がメスより大きくなることを先に述べたが、強大なハサミを持っているのもオスの特徴である。最も著しい例はシオマネキ類だが、クモガニの仲間にもハサミ脚の大きさや形で容易に性がわかるものが多い。タカアシガニの属名のマクロケイラ *Macrocheira* は大きいハサミという意味だが、これはオスだけに見られる形態であって、メスのハサミ脚は小さく、歩脚と同じぐらいの大きさしかない。

　クモガニ科のヒラアシクモガニ *Platymaia alcocki* も甲羅より大きいハサミ脚を持つのはオスだから、台湾の切手に出ているのはオスである。脚が長くて絵からはかなり大きい種のように見えるが、実際はオスでも甲幅３センチメートル足らずで、東京湾からインド洋にかけて、水深200〜700メートルの砂泥底に棲んでいる。ケアシガニ科のノコギリガニ *Schizophrys aspera* もモルディブの切手の図柄はすぐにオスとわかる。インド・西太平洋からハワイ沿岸の浅海の岩礁に棲む甲幅３センチメートルぐらいのカニで、わが国では房総半島から琉球列島にかけて見られる。モガニ科のコノハガニ *Huenia heraldica* になると、ハサミ脚の大きさばかりでなく甲羅の形もオスとメスで異なっている。

モルディブの切手にあるように、左側のオスでは甲が二等辺三角形で額角が細長い。一方、右側のメスでは甲の葉状の張り出しが大きい。このカニはインド・西太平洋に分布して、さんご礁や150メートル以浅の岩礁に棲み、サボテングサのような石灰を含む緑藻の間に隠れたり、額角に海藻片をつけて擬態したりする。

Maguimithrax spinosissimus
ネイビス島　1990

Maja squinado
ジャージー（英王室属領）　1973

Hyas araneus
アイスランド　1985

　フロリダ半島や西インド諸島の浅瀬に棲むミトラクス科のマグイミトラクス・スピノシシムス *Maguimithrax spinosissimus* は甲幅17センチメートルにも達するカリブ海の大ガニだから、オスのハサミ脚は立派だ。雑食性で海藻から貝類まで何でも食べる。食べておいしいとの報告があるが、あまり獲れないようで魚市場に並ぶことはない。

　大西洋東部と地中海ではケアシガニ科のマヤ・スキナド *Maja squinado* が獲れる。甲幅18センチメートルにもなる大ガニで、オスのハサミ脚の長さは甲幅の2倍以上にもなる。秋になると移動を開始して大集団を作って、脱皮をすることで知られている。カニは脱皮の際に捕食者に攻撃されやすいので、集団で脱皮をして個体群の死亡率を減らそうとしているのだろうと考えられている。英国からギニアにかけての大西洋東部と地中海やアドリア海に分布し、フランスやイタリア沿岸では水深50メートル以浅の岩礁に底刺網を入れて獲っている。水揚げ量は年間5,000トン以上におよぶ。ベネチアではリアルト橋が架かる大運河に面した魚河岸にあるトラットリアでこのカニの入ったサラダを

注文した。割合あっさりした味だった。

　北東大西洋水域と北海の潮間帯から水深350メートルぐらいまでの、海藻の多い砂礫底にはハイアス・アラネウス *Hyas araneus*（ケセンガニ科、ヒキガニ属）が棲む。甲羅は梨型で、甲幅7センチメートルぐらいのごく普通にみられるカニで、砂地の上で大きなハサミ脚を使ってヒトデを押さえて食べることが観察されている。ヒトデは大抵、挟まれた腕を自切して逃げるそうだ。

e. アシダカグモのようなカニ

Stenorhynchus seticornis
英領ヴァージン諸島　1997

　家の中に棲んでいる大型のクモ、アシダカグモのような足の長いカニはイッカククモガニ科のステノリンクス・セチコルニス *Stenorhynchus seticornis* である。甲長5センチメートルぐらい、長く飛び出した顎をもつクリーム色の壺形の体から10センチメートル以上もある細長い脚が広がって出ている。西大西洋の、北米東岸からブラジル沿岸にかけて分布し、カリブ海のさんご礁の浅瀬ではイソギンチャクやソフトコーラルの上にいることが多い。イソギンチャクの上の有機物や小型の無脊椎動物を食べているが、夜行性で、光を嫌って昼夜で居場所を変える。ブラジルの海ではウツボの体表の掃除をしていることが観察されている。アシダカグモは脚の関節を曲げることですべての脚の先が口

134

S. seticornis
ドミニカ　1992

Eurypodius latreillii
英領フォークランド諸島　1994

に届くから、唾液をかけながら上顎を動かして脚についた汚物を丁寧に取り除く。このカニもそれができそうだが、知る限り観察記録はない。

　アシダカグモのようなカニは南米の南端にもいる。クモガニ科のユーリポデウス・ラトレイリ *Eurypodius latreillii* である。甲長6センチメートルくらい。パタゴニアとティエラ・デル・フエゴ周辺の浅い砂地の海に非常に多く棲むようだ。

39. ヒシガニの巨大なクレーン
ヒシガニ科

　ヒシガニの名は甲羅が角張って菱の実に似ているところからきているが、この仲間のカニの特徴は体に比べて大きすぎるハサミ脚にある。まるで巨

ヒシガニ
北朝鮮　1990

テナガヒシガニ
台湾　1981

Parthenopoides massena
キプロス　2001

大なクレーンを備えているようだ。切手に出ているのは房総半島からオーストラリア沿岸に見られるヒシガニ *Enoplolambrus validus*、琉球列島以南のインド・西太平洋の浅い泥底に棲む熱帯性のテナガヒシガニ *Parthenope longimanus*、それにイギリス沿岸や地中海に棲むパルセノポイデス・マッセナ *Parthenopoides massena* である。いずれも甲幅は2センチメートルぐらいの小ガニだが、ハサミ脚を広げると12センチメートルにもなる。どうしてハサミ脚がこんなに巨大に発達してしまったのかは十分に説明されてはいないが、軍備拡張をやり過ぎて、民衆の生活とのバランスが取れなくなってしまっている、どこかの国を思わせる姿である。

40. ケガニ
クリガニ科

ケガニ
北朝鮮　1967

　桜前線が本州中部を北上するころ、まだ流氷が残るオホーツクの海でケガニ漁が始まる。
　ケガニ *Erimacrus isenbeckii* は、北はベーリング海やアラスカ湾、南は太平

洋では三陸沖、日本海では能登半島以北に分布する寒海性のカニだが、主産地は北海道の太平洋岸とオホーツク海沿岸である。普通、水深30〜200メートルの砂泥底に棲んでいて、カニ籠漁や底刺網で漁獲される。

ケガニといえば函館本線の長万部駅のプラットホームでのカニ売りが思い出される。昭和30年（1955）代初頭の学生の頃、二両連結のSLに引かれた下りの急行列車が長万部駅を発つと、車内は茹でたケガニの匂いで一杯になった。そして乗客たちの膝の新聞紙の上に殻の山ができる頃には車窓に羊蹄山の姿が近づいて、休み明けで大阪から札幌の大学に帰る長旅もあと3時間足らずになって、やれやれと思ったものだ。その頃のケガニは安かったし、それに甲幅が10センチメートル以上もあって、今のものよりひと回り大きかったような気がする。

長万部駅のケガニは戦時中、たまたま統制品から外されていたのを幸い、塩茹でにしたカニを駅構内で売り出したのが始まりと聞いているが、観光ブームで人気が出過ぎて、噴火湾では乱獲がたたり、またたくまに品不足になってしまった。

資源保護のために、北海道沿岸のカニ籠漁で漁獲が許されているのは甲幅7センチメートル以上のオスだけである。それでも、どこでも獲りすぎで資源量の減少が続いている。本州の日本海沿岸の漁港に水揚げされることはほとんどなくなった。

ケガニの成長は遅く、漁獲できる大きさになるのに4年はかかるといわれている。オスは脱皮して間もないメスと交尾し、その直後にメスの生殖口に「交尾栓」という白いセメント質の物質を詰めて、ほかのオスとの再度の交尾を防ぐ。精子はメスの受精嚢に蓄えられて、卵巣が発達してから受精する仕組みである。産卵するのは交尾してからおよそ1年後の春（4〜5月）と晩秋（10〜12月）で、メスは1年以上抱卵するようだ。しかし、ズワイガニのように卵がかえったらすぐまた交尾・産卵するのではなく、少し休むらしい。

北海道の漁場は季節で異なり、春はオホーツク海、夏は噴火湾、秋は釧路および根室沿岸、冬は十勝沿岸となる。ケガニは観光客の多い夏に一番売れるのだろうが、甲羅に身が詰まって本当においしくなるのは秋から冬にかけての季節で、山に新雪が来る頃のケガニは北海道ならではの楽しみである。

41. ヨーロッパイチョウガニ

イチョウガニ科

a. ヨーロッパイチョウガニ

リンネ
スウェーデン　1939

ヨーロッパイチョウガニ
オランダ　2017

ヨーロッパイチョウガニ
フェロー諸島（デンマーク領）　2013

　カニに最初の学名をつけたのはスウェーデンのリンネで、1758年のことである。リンネはエビ、ヤドカリ、カニなどをすべて一緒にカンサー属 *Cancer* にしてしまったが、ともあれ名前をもらった第一号が、このヨーロッパイチョウガニ *Cancer pagurus* である。甲羅は平たい卵型で、上から見るとイチョウの葉に似ている。手に持つとずっしりした重みがあって、古い石のような風格がある。大変おいしいカニだからヨーロッパを旅するひとにはぜひ勧めたいが、大きいものは甲幅が20センチメートル近くもあってひとりでは食べきれないぐらいだし、おいしいハサミ脚の肉を味わうにはかたい殻を割るためにハンマーを用意しなければならない。

　フランス北部の英仏海峡に面した古い港町ロスコフの魚市場には獲れたてのヨーロッパイチョウガニが並んでいた。この町にはパリ大学の由緒ある臨海実験所があって、そこを訪ねていたときのことだが、ある日、日本にも来たことのあるI教授が私たち夫婦を夕食に招いてくれた。行くとテーブルの上にクラブクラッカー（カニ割り）とレモンとトマトケチャップとナプキンだけが置かれていて、待つほどに夫人と娘さんが台所から茹でガニが一杯に入った大鍋を両手で運んで現れた。食べてみたいと思っていた、あの魚市場のカニである。それから食べたこと、食べたこと、皆、無言で、手づかみで、甲羅を割って肉を引き出し、レモンを絞り、せせり、ほじくり、しゃぶり、べとべとになった指をなめてほっとしたときには、それぞれの前に殻の山が二つぐらいずつでき

ていた。よく冷えて爽やかな香りのシャルドネの白ワインとレースのカーテン
を通って入ってくる浜風もおいしかったが、外国でこれほど豪快に最上のカニ
を味わったのは久しぶりのことだった。

　牡蠣は別にして、一般に魚介類を生で食べる習慣のないヨーロッパの魚料理
は、磯の臭いや魚の匂いを除くために、いろいろな香辛料をたくさん使ってこ
ってりと味付けされている。匂いの強くない白身の魚が好まれるのもこのため
である。料理はそれぞれの民族がはぐくんできた文化の結晶だから、豪華な皿
に盛りつけられた手の込んだ料理をかしこまっていただくのも、それはそれで
結構なのだが、カニは活きのよいのをさっと茹でて、自然の味を香辛料抜きで
味わうのが一番と思う。

b. ヨナクラブとダンジネスクラブ

Cancer borealis
仏領サンピエール島・ミクロン島　1995

　ヨーロッパイチョウガニは北東大西洋と地中海の北側の水深 6〜40 メートル
ぐらいの砂礫底に棲んでいる。ケガニと同じで、夏が近づくと浅瀬に移動して
産卵し、翌年の夏にゾエア幼生がふ化するまで、長い間卵を抱いて保護してい
る。年間の漁獲量は 5 万トンにおよぶ。

　大西洋の西側、カナダのニューファウンドランドからフロリダ沿岸にはヨナ
クラブ（Jonah crab）と呼ばれる甲幅 20 センチメートルに達する大型のイチ
ョウガニ、カンサー・ボレアリス *Cancer borealis* が生息する。かつてロブス
ターがたくさん獲れていた頃、ロブスターポットにこのカニが入るとロブスタ
ーが獲れないということで、漁師たちが、災難をもたらす予言者ヨナの名をつ
けた。しかし、今ではカニ籠で漁獲されている。2014 年の漁獲量は約 7,000 ト
ンであった。

　日本には食用にするほど大きいイチョウガニの仲間はいないが、太平洋でも

西側の北米西海岸にはダンジネスクラブ（Dangeness crab）と呼ばれるアメリカイチョウガニ *Metacarcinus magister* がいて、バンクーバーやシアトルあたりではサケや牡蠣と並んで料理店のメニューの主役である。ダンジネスクラブはワシントン州の港町ダンジネスから水揚げされたため、この名前がついたが、アマモが群生する海底に生息し、カナダからカリフォルニア北部までの潮間帯で水深 100 メートルぐらいの浅海からカニ籠で漁獲される。市場に出されるのは甲幅 16 センチメートル以上のオスだけで、1 匹の重さの 1/4 が身といわれるほど肉の多いおいしいカニだ。米国海洋漁業局の報告では 2014 年の米国西海岸での漁獲量は約 2 万 4,000 トン、水揚げ高は約 1 億 7,000 万ドルにおよんだ。

42. ガザミの仲間
ガザミ科、ヒラツメガニ科、シワガザミ科、ミドリガニ科、オオエンコウガニ科

アオガザミ
キューバ　1969

アオガザミ
グレナデン（セントビンセント）　1977

　ガザミの仲間は "わたりがに"、つまり「泳ぐカニ」の呼び名で親しまれている。多くの種類では最後の一対の脚（第 5 脚）の先端が櫂のように円く変形して水中を泳ぎ回るのに適していて、潮流に乗ってあちこちを転々と渡り歩く、いわば海の渡世人というところか。ガザミ類は新しい環境への適応性が極めて強いカニのようである。

その代表格がアオガザミ Callinectes sapidus であろう。もともとカナダのノ
バスコシア沿岸から南米ウルグアイまでの河口域の泥底だけに棲んでいたのだ
が、今世紀初めに地中海や北海沿岸に分布を拡げて、今ではアドリア海や地中
海東部でも割合多く見られるようになった。文字通り大西洋を西から東に渡っ
たわけだが、近年、これが浜名湖の地先で発見されて日本でも話題になった。
おそらく外航船のバラスト水に紛れ込んだ幼生が放流されて岸にたどり着いた
か、ひとの手で放たれたのだろうが、どこからどんな方法で渡ってきたのか興
味深い謎である。

a. 江戸前の味

ガザミ
北朝鮮　1967

タイワンガザミ
ベトナム　1965

　北海道でカニ料理といえばケガニかタラバガニ、北陸や関西ではズワイガニ
ということになるが、東京ではガザミ Portunus trituberculatus が伝統の味で
ある。東京湾がもっときれいだったころは江戸前のカニだったが、近頃、料亭
で使っているガザミは外からのものが多いようだ。甲羅は横に長い菱形で、肩
の部分に 9 個の歯が鋸のように並んでいて、その最後のものが大きく横に突き
出ている。脚のつけ根に肉が多く、締まった肉は甘みがあって、"みそ"や内
子には濃厚な旨味がある。茹でたり蒸したりして姿をめで、二杯酢で食べるの
が昔からの習わしである。殊に 10 月頃のガザミは旨く、秋の祭礼にカニ料理
を食べる地方が少なくない。
　ガザミは九州から台湾や中国大陸沿岸の内湾に棲み、昼間は砂底や岩陰に潜
んでいて、日没後に群れて泳ぎ回る。夏の終わりに交尾し終えたメスは精子を

貯精囊に蓄えたまま、外海に出て、砂の中で越冬し、水がぬるむと活動を始めて岸に近づき、水深５メートルぐらいの藻場で産卵する。一匹のメスの抱卵数は 80 万～400 万個で、2～3 週間経つとゾエア幼生が泳ぎ出す。寿命は約２年で、2 回目の抱卵の後死ぬが、まれに３年以上生き延びるのもあるらしい。大きいものは甲幅 20 センチメートル以上にも成長する。三河湾、伊勢湾、瀬戸内海、有明海などが主な漁場として知られ、晩春から初冬まで定置網や籠による漁業が見られる。有明海での生産は特に多く、佐賀の"竹崎がに"や島原の"多比良がに"というのはここで獲れるガザミのことである。

　タイワンガザミ Portunus pelagicus も、東南アジアではアミメノコギリガザミ Scylla serrata とともに代表的な食用ガニで、蒸して酢醤油、または唐辛子を効かせたニョクマムやナンプラー（どちらもエビや魚を発酵させて作る醤油）で味わう。このカニは浅海の砂泥底で生活し、東京湾や西日本の内湾でも漁獲される。秋から冬が旬で、アオガニと呼ぶ地方が多い。九州地方ではこの種もガザミと呼ばれて売られていることがあるが、味はガザミよりやや落ちるというのが食通の話である。

カニの腹面　左：メス、右：オス

　タイワンガザミは近年再検討され[24]インド洋西部の個体群は分類学上ポルトゥヌス・セグニス P. segnis になったが、もともとインド・西太平洋に分布が限られていたその種の分布は"わたりがに"の名に恥じずに拡がり、地中海に侵入して、現在はモロッコ付近まで拡大している。オスは甲羅の表面が暗青色で雲状斑が鮮やかだが、メスは暗緑色で斑紋が目立たない。もっとも、カニはどの種類でも性別は"ふんどし"（腹甲部）の形でわかり、オスでは幅が狭くて胸部の中央に折りたたまれるが、メスのは幅が広くて腹面全体を覆っているから、裏返して腹を見たら、すぐに判別できる。

b. アミメノコギリガザミとヒラツメガニ

アミメノコギリガザミ
タイ　1979

ガザミ（上）とヒラツメガニ（下）
ラアス・アル＝ハイマ（アラブ首長国連邦）　1972

　ガザミ類中最大の種は熱帯のマングローブ湿地の泥底の中に棲むアミメノコ
ギリガザミで、大きいものは甲幅20センチメートルにもなる。甲羅は楕円形
で緑色がかった褐色で、一見よく磨いたラグビーボールのようだ。縁の鋸歯は
9個ほぼ同じ大きさで、すべての脚には網目模様がある。アミメノコギリガザ
ミは紅海、インド・西太平洋に広く分布し、泥ガニ（mud crab）とかマング
ローブガニと呼ばれて食用にされている。東南アジアの国々での一般的な食べ
方は、茹でてから、頑丈で分厚い殻をたたき割り、ネギや胡椒やニンニクで味
をつけ、油で炒めて出すのであるが、こうするとやや大味な肉が引き締まって
よい味になる。アミメノコギリガザミのハサミ脚は大きくて、ヒトの指でも砕
くほど力が強いから、うかつに触って挟まれでもすると大ごとである。だから
南の国では、ハサミ脚をひもや針金で縛って体に巻き付けて店頭に並べている。
　ヒラツメガニ科のヒラツメガニ Ovalipes punctatus も分布は広い。北は北海
道から南はニュージーランド、オーストラリアまで、東はチリ沿岸から西は南
アフリカまで拡がり、水深10〜350メートルの砂底に棲んでいる。1972年に
札幌で催された冬季オリンピックを記念してアラブ首長国連邦のラアス・アル
＝ハイマで発行された切手には、知床半島の風景にヒラツメガニとガザミが描
かれている。北海道ではヒラツメガニもガザミも夏の間だけ道南沿岸で漁獲さ
れる。韓国料理のひとつ、カンジャンケジャンは唐辛子、ナツメ、ネギ、ニン
ニク、梨などを漬け込んだ秘伝の醤油ダレに新鮮なヒラツメガニやガザミなど
を入れて熱した後、3日間以上熟成させた料理で、旬のメスのカニを使って作
ったものは、中にオレンジ色の内子が詰まっていて特においしく、一緒に食べ

143

るとご飯がすすむことから“ご飯泥棒”（パットドゥッ）と呼ばれている。

c. 脱皮と自割とクッキング

アオガザミ
米国　1949

　甲殻類は脱皮によって古い殻を脱ぎ捨て、石灰質が沈着して新しい殻が硬く
ならないうちに急速に成長し、その後は次の脱皮までほとんど大きさが変わら
ない。また、多くの種類では生殖期にメスが脱皮するときオスが傍らで待って
いて、殻がまだ薄くて軟らかいうちに交尾する。脱皮はまた、抱卵に備えて、
メスが腹部をきれいに掃除するという大切な意義を持つ。卵を抱えている間、
メスは脱皮しない。脱皮直後のカニは速く動けないから外敵の攻撃を受けると
ひとたまりもない。時には仲間に襲われることもある。狭い水槽の中にカニを
たくさん一緒に入れておくと脱皮ごとに共食いをして数がどんどん減ってしま
う。宿命とはいいながら、脱皮は命がけの行為なのだ。天然のカニは多くが外
敵に見つかりにくい夜の間に脱皮し、殻がしっかり硬くなるまで岩陰や石の下
に何時間もじっと隠れている。いくつかの種類は巣穴の中で脱皮したり集団で
一斉に脱皮したりして捕食から逃れようとしている。
　ブルークラブ（blue crab）とも呼ばれるアオガザミは米国東海岸の代表的な
食用カニだが、このカニは脱皮したばかりの軟らかなものがソフトシェルクラ
ブと呼ばれて殊更喜ばれる。夏の間、首都ワシントンやニューヨークあたりの
レストランに出ているから食べられた方もおられるだろう。米国の軍港として
著名なメリーランド州アナポリスの開港 300 年記念として 1949 年に発行され
た切手には、虫眼鏡がいるほど小さいが、軍港に続くチェサピーク湾の中央や
や左に一匹のアオガザミが描かれている。チェサピーク湾はアオガザミの産地
で、海岸にはソフトシェルクラブの看板を出した洒落たレストランがいくつも
並んでいる。生簀で脱皮させたばかりのカニの鰓と消化器官を取り除き、塩と

スパイスとワインなどで味を付け、小麦粉をまぶして殻ごと油で揚げるのが米国風料理法だが、そのまま口に入れると柔らかいカニからこぼれるような汁が出て絶妙の味である。

　米国だけでなくヨーロッパにも脱皮直後の軟らかいカニを揚げてまるのまま賞味する伝統があって、イタリアのベネチアで有名なカニ料理"モエーカ"もそのひとつである。これは生きている軟らかいカニを数時間、卵をたっぷりといた容器の中に入れてから、そのまま揚げた料理で、ガザミの類を好んで材料にしている。

　ガザミ類に限らず、生きているカニやイセエビを熱湯に入れて茹でるとハサミや脚が脱落してしまうことがよくある。これを自割作用と呼ぶが、こうなっては味が逃げてしまうし、皿に盛ったとき、見栄えがしない。これを防ぐにはカニの"ふんどし"を少し開けて、腹面の殻の薄いところから甲羅のほぼ真ん中に位置する心臓に金串を通してカニを即死させるか、すりこぎでカニの口を一撃してから直ちに沸騰した湯の中に投入するとよい。口をたたくとカニは痙攣^{けい}を起こして目を回すので、これを脳震盪^{のうしんとう}と思っているひとが多いが、カニの脳はとても小さくて甲の額に近い部分にあるから、口をたたいても脳に直撃ということにはならない。口の近くには脳と胸部をつなぐ太い神経が通っているから、打撃で麻痺するのは多分この部分だろう。ちなみに"みそ"とかカニ味噌と呼ばれている黄褐色のおいしいところは肝臓と膵臓^{すいぞう}とを兼ねた働きをする中腸腺で、これも脳とは関係がない。ここには脂肪やグリコーゲンが大変多く含まれている。イセエビやザリガニは、頭を下に45度ぐらいの角度に傾けて持ち、眼の後ろをたたくと麻痺状態になる。こういう方法が嫌いな人は、熱湯に入れる直前まで冷蔵庫か氷水に数時間入れて冷やしておくと自割が起こらず、味も姿も変わらないで調理ができる。

　ところが2018年1月、スイス政府は動物保護規定の見直しを発表し、ロブスターなどの甲殻類を生きたまま熱湯で茹でることを禁ずる規則を設けて、3月から施行した。規則では「甲殻類は氷や氷水につけて輸送してはならない。水棲生物は常に自然と同じ環境で保存しなければならない。甲殻類は失神させてから殺さねばならない」と定められている。同様の規則は隣国イタリアでは2017年に施行され、同国の最高裁判所は生きているロブスターを氷水に入れていたフィレンツェ近郊のレストランのオーナーに2,000ユーロの罰金を

支払うように命じている。エビやカニの調理法は今後、世界的に変わるのだろうか。

　次は茹でる時間だが、さる料理の達人の書かれたものを見ていたら、ガザミは沸騰している湯できっちり35分ということになっていた。ほかの料理本でもカニは大抵30分以上茹でることになっている。奥義を極めた料理人の感覚は鋭く、微妙なものだろうが、煮沸時間はカニの大きさとも関係するだろう。近頃はガザミ類もあまり大きいものは手に入らなくなった。私には15〜20分ほど茹でて、甲羅が十分に赤くなったら取り上げるのが適当のように思える。ついでに、普通、カニは3％ぐらいの塩水で茹でるが、ガザミは茹でる前に"ふんどし"を開いて塩をちょっと挟み、おいしい肉汁が逃げないように甲羅を下にして火にかける。そして茹で上がったら甲を下にして冷まし、酒で甲羅を拭いて艶を出すのが料理の常法とされている。

　因みにエビの調理は、エビの背中に縦の切れ目を入れて開いて、殻つきのまま強火で短時間焼くか天ぷらにするのに限る。長く火にかけて茹でるとエビの甘味と旨味のもとであるグリシンやタウリンなどのアミノ酸が流れ出てしまうからである。

d. アンコーナのブイヤベース

ヨーロッパミドリガニ
アルバニア　1968

　アドリア海に沿ったイタリアの港町アンコーナに数日滞在していた間、魚市場にあった大衆食堂でほとんど毎日のように食べたブイヤベース（ズッパ・ディ・ペッシュ）はおいしかった。戸口も内部も垢じみてごみごみし、いつも八の字髭のおやじや太ったおばさんたちが大声で話しているから、隣の方のテーブルでちょっと小さくなって待っていると、ムール貝やまるのままの小さい

チチュウカイミドリガニ
ブルガリア　1996

チチュウカイミドリガニ
チュニジア　1998

　"わたりがに"や魚のぶつ切りがどさっと入った小型の洗面器のような器が運ばれてくる。まずそのボリュームのすごさに、次にオリーブ油とローリエとサフランとカニ、貝類、魚の混然一体の強烈な香りに圧倒されるが、少し冷えた辛口の白ワインの瓶が半分ぐらい空になる頃は何やら体中にエネルギーが満ちてきて、まるで魚市場の連中は皆顔なじみという感じになってくる。テーブルの上の背の高い籠に立ててあるグリッシーニという細長くて硬いパンを折って食べながら、隣のテーブルのおやじさんのようにフォークでカニの身をゆっくり起こす気分はなかなか捨てがたかった。アンコーナのブイヤベースに比べると東京のフレンチレストランのブイヤベースは上品で、まるで"おすまし"の感じである。

　アンコーナのブイヤベースの材料になっているのはヨーロッパミドリガニ *Carcinus maenas* かチチュウカイミドリガニ *C. aestuarii* だった。いずれも甲幅9センチメートルぐらいになるカニで、地引網や小型の底引網で獲っている。以前はガザミ類とされていたミドリガニ科のカニは泳げない。泳ぐための第5歩脚の先端が丸くなく、柳の葉のように細長く尖っていて、河口に近い内湾や藻場に潜っている。繁殖期には沖合に移動して交尾し、20万個近い卵がふ化して幼生が放たれる。どちらのミドリガニももともと地中海を中心に分布していたが、ほかの水産物に混じって運ばれたり、幼生が船のバラスト水とともに放たれたりして、近年、急速に分布域を拡げている。ヨーロッパミドリガニは1993年頃には北米西岸に現れ、現在はオーストラリア南岸や南アフリカでも見つかっている。チチュウカイミドリガニは1984年に東京湾で発見されて以降、すでに本邦の内海に定着しているようで、どちらの種類も日本では生態系被害防止外来種リストに掲載されている。

e. わたりがに 4 種

Sanquerus validus
コートジボワール　1971

Callinectes amnicola
カメルーン　1968

Necora puber
ジャージー（英王室属領）　1994

サメハダヒメガザミ
モルディブ　1978

　東大西洋を南下するとサンケルス・バリダス *Sanquerus validus* がいる。このカニはアフリカ西岸のモーリタニアからアンゴラまでの水深 55 メートル以浅に棲み、オスは甲幅 20 センチメートルにもなる。全体が灰緑色で、甲羅の両脇に大きい白点があるのが特徴だ。また、カリネクテス・アムニコラ *Callinectes amnicola* は甲幅 12 センチメートルぐらい。この種も、モーリタニア、ナイジェリアからアンゴラ沿岸の河口域や汽水の礁湖に分布する。これらのガザミ類も沿岸の人びとが地引網などで獲っているようだ。

　英国沿岸で"わたりがに"といえばネコラ・プベル *Necora puber* になるだろう。ガザミ科ではなく、シワガザミ科に属するカニで、甲幅 10 センチメートルぐらい。北海から地中海西部の水深 40 メートル以浅に棲んでいる。小さいけれど英国では年間 200 トンぐらいが漁獲されて魚屋に並ぶことがある。

　サメハダヒメガザミ *Cycloachelous granulatus* は甲が横長の菱型ではなく円いから、一見ガザミ科のカニではないような感じがするが、ハサミや歩脚の形はガザミ類の特徴をもっている。甲幅 2〜3 センチメートルの小さいカニで、インド・西太平洋に広く分布していて、わが国でも相模湾以西で見られる。

f. オオエンコウガニ

オオエンコウガニ
パラオ　1993

アフリカオオエンコウガニ
ナイジェリア　1994

　オオエンコウガニ *Chaceon granulatus* は北西太平洋の水深 50 メートル以深の砂泥底に生息する甲幅 18 センチメートルぐらいの大ガニで、日本近海でも東京湾以西の深場の底引網で混獲されることがあるが、量的には少なく、また見かけの割に殻が硬く、身入りが悪いので一般的には流通することはない。南西アフリカのサハラから南アフリカ沖の 100 メートル以深に生息し、カニ籠で漁獲されるアフリカオオエンコウガニ *C. maritae* もオスの甲幅が 16 センチメートルに達する大ガニである。産地で加工され、冷凍品や缶詰になって、マルズワイガニの名で日本にも輸出されている。もちろんズワイガニとは何の類縁関係もない。

43. 熱水噴出孔に棲むカニ
ユノハナガニ科

　深海底の海底火山や海嶺の熱水噴出孔の周囲に高密度で生息しているユノハナガニ科のカニは肉食性で、生息場所に同居するチューブワーム（ハオリムシ）や貝類、あるいはバクテリアマットなどを餌にしている。現在はバイソグレア属 *Bythograea* やユノハナガニ属 *Gandalfus* など 6 属 16 種が知られていて、世界中の深海から報告されている。大西洋、バハマの南東に位置するタークス・カイコス諸島の切手でチューブワームに取り付いているカニの属名と種名はわからない。バイソグレア属の一種は仮の名である。

バイソグレア属の一種
英領タークス・カイコス諸島　1997

無人自動深海底探査艇 ABE と
バイソグレア属の一種
ガイアナ　1996

　ガイアナの切手の右下に白いカニを配して描かれているのは米国ウッズホール海洋研究所の無人自動深海底探査艇 ABE である。ABE は世界最初の深海底調査ロボットとして活動し、221 回の潜水で深海生物のほか海底火山や深海底の地形や海底から湧出する化学物質についての調査・観測で数多くの成果をあげたが、2010 年 3 月チリ沖の水深 3,000 メートル付近を潜航中に信号が途絶えて失われた。

　ユノハナガニ *Gandalfus yunohana* は日本の深海探査船「しんかい 6500」によってフィリピン海プレート東端の海山の熱水鉱床で初めて採集され、その後、伊豆・小笠原諸島と沖縄トラフの熱水噴出域に分布することがわかった。大きさは甲幅 5 センチメートルぐらい、楕円形で、つるつるとした凹凸のない白い甲殻を持つ。動物の匂いには極めて敏感だが、眼の退化が進んでいて、眼柄は痕跡的で、角膜部はない。

　1985 年 2 月に駿河湾蒲原沖で、また同じ年の 6 月には相模湾小田原沖で、私は海洋研究開発機構の深海探査船「しんかい 2000」に乗船して海の深みに潜航した。蒲原沖では水深 200〜300 メートルの泥質の海底直上で、無作為な方向に秒速 5〜10 センチメートルで泳ぐサクラエビの群れに遭遇してしばらくその泳ぎの様を観察した。探査船の照明のもとで群れの密度は 1 立方メートル当たり 100 匹以上と推定された。小田原沖でもサクラエビを探したのだが、ハ

ダカイワシやクラゲはいてもサクラエビの群れは見つからなかった。潜航時間を気にしながら探索を続けているうちに水深580メートルの砂泥底で見たことのない生きものに遭遇した。ヒドロ虫類の個虫（ポリプ）としては世界最大のオトヒメノハナガサ Branchiocerianthus imperator である。地中から立ち上がった乳白色のヒドロ茎（長さ約75センチメートル）の先にランプのように広がる糸状の触手は、まるで大きいオレンジ色の花を開いたラッパスイセンのように見えた。触手は最も長いもので25センチメートルもあって、その半分ぐらいのところで外側に曲がって水中に漂う餌生物を待ち構えているようだった[25]。

世界最大のヒドロ虫オトヒメノハナガサ
（提供：海洋研究開発機構）

　オトヒメノハナガサは明治8年（1875）6月、海外に対して門戸を開いた日本への寄港を終えたばかりの英国海軍の海洋調査船チャレンジャー号によって房総半島沖で採集されたのが初めてだが、それから110年後に私たちは偶然の機会に生きた個体の自然の姿を見ることができた。潜航予定を変え、ポリプの間際に「しんかい2000」を停めて35分間の目視観察を続けたが、その間にハダカイワシの一種と思われる小さい魚が触手に絡み取られる様子や触手の基部に棲みついている、ハサミ脚の大きいテナガエビ科の一種を記録した。

44. サンゴガニの仲間

サンゴガニ科、ヒメサンゴガニ科

サンゴガニ
ココス（キーリング）諸島
1992

アミメサンゴガニ
オーストラリア
1973

クロエリサンゴガニ
マレーシア　1989

　さんご礁を注意して観察していると小型できれいなサンゴガニやヒメサンゴガニの仲間によく出会う。手を伸ばすとサンゴの枝の間に入ってしまうので捕まえにくい。サンゴガニ *Trapezia cymodoce* やアミメサンゴガニ *T. septata* やヒメサンゴガニ科のクロエリサンゴガニ *Tetralia nigrolineata* はいずれもインド・西太平洋の暖海に広く分布し、わが国でも南紀や琉球列島で見つかっている。どれも甲幅1〜2センチメートルぐらい。彼らの餌は主にサンゴが出す粘液だろうと思われ、ミドリイシサンゴやハナヤサイサンゴの上に数匹でいることが多い。クロエリサンゴガニの目の辺りには黒い帯が横に走っているので、サンゴの枝の間に入っているのを上から見ると、なかなか見つからない。どのカニもオーストラリアの切手のアミメサンゴガニのように歩脚の第1対が隠れてしまって3対しかないように見えることがある。

　サンゴガニ類はサンゴの天敵であるオニヒトデがサンゴを食べに来ると、小さい体で果敢に戦いを挑み、ハサミでオニヒトデの管足を挟んで痛めて、棲みかから追い払う。しかしその戦いもオニヒトデの異常発生には無力に見える。沖縄のさんご礁ではこれまでしばしばオニヒトデが異常発生し、その食害によって2006年には、阿嘉島のサンゴ被度（海底面に占める生きたサンゴの割合）は20.5％に低下して、ミドリイシ属サンゴはほぼ壊滅状態に至った。行き場を失ったサンゴガニたちは魚の餌になってしまったのだろうか。

45. ユウモンガニの仲間

ユウモンガニ科

アカモンガニ
サモア　1972

アカモンガニ
英領ソロモン諸島　1993

Carpilius corallinus
英領アンギラ　1988

C. corallinus
キューバ　1969

　アカモンガニ *Carpilius maculatus* の甲羅には薄茶色か淡紫色の大きい紋が並んでいる。注意してみれば右側のハサミの方が大きく、厚い。南アフリカ、紅海からハワイ諸島まで、インド・西太平洋の熱帯域に広く分布し、日本では琉球列島や八丈島で採集されている。甲幅15センチメートルぐらいにまで成長するから、地方によっては食用にされる。同じアカモンガニ属のカルピリウス・コラリナス *C. corallinus* は西インド諸島とブラジル北岸のさんご礁に分布する、この海域では最も大きいカニのひとつで、甲幅は15センチメートルになる。甲羅はレンガ色の地に黄色の小斑が散って鮮やかだ。クイーンズクラブと呼ばれるのは、女王のガウンのような色彩の艶やかさから来たものである。土地の人たちは採って食べるということだが、味の方はキングクラブ（タラバガニ）に匹敵するのだろうか。

46. オウギガニの仲間
オウギガニ科、パノペウス科

　熱帯や亜熱帯の浅海やさんご礁に棲むオウギガニの仲間には、彩りが豊かだったり鮮やかな紋様を持っているものが少なくない。しかし、なかには猛毒を蓄えているものがいる。

a. 変化に富む甲の色と紋様

ベニヒロバオウギガニ
ココス（キーリング）諸島　1992

ベニホシマンジュウガニ
台湾　1981

Platypodiella spectabilis
ハイチ　1973

　ベニヒロバオウギガニ *Lophozozymus pulchellus* は甲羅の粗い稜線の模様が特徴的だ。ハワイやインド・西太平洋の暖海に分布している。相模湾以西から香港、ベンガル湾北部の水深10〜30メートルの岩礁や砂礫地にはベニホシマンジュウガニ *Liagore rubromaculata* がいる。これも大変きれいなカニで、甲幅3〜4センチメートル。甲羅にはほぼ左右相称の赤斑があるほか、ハサミ脚や歩脚にも赤斑がある。カリブ海のさんご礁に棲むプラティポディエラ・スペ

クタビリス *Platypodiella spectabilis* は甲幅2センチメートルぐらいの小ガニ
で、鮮やかな赤色に黄色と黒の縞模様の入った甲羅と歩脚が美しい。

b. カニの毒

スベスベマンジュウガニ
モルディブ　1978

ウモレオウギガニ
ココス（キーリング）諸島　1990

オオアカヒズメガニ
ニューカレドニア　1982

　カニには自ら毒素を生成する種類はないようだが、食物連鎖を通して体内に
毒物を濃縮蓄積する危険なものが10種近く知られている。スベスベマンジュ
ウガニ *Atergatis floridus* とウモレオウギガニ *Zosimus aeneus* は代表的な毒ガ
ニで、前者は西太平洋に、後者はアフリカ東岸からハワイ、ポリネシアにかけ
て分布し、各地で食中毒や時には死亡事故の原因となっている。
　昭和3年（1928）5月、奄美大島の名瀬に住む家族5人が建網で獲れたばか
りのカニを朝の味噌汁にして食べたところ、やがて全員に口の感覚がなくなっ
て手足が麻痺する症状が表れ、うち2人は激しい嘔吐の末に倒れて、数時間後
に死亡した。このとき、嘔吐物を食べた鶏6羽と豚1頭も死んでいるから、た
った数匹のカニで大変なことが起きたものである。
　カニの毒成分はサキシトキシンやテトロドトキシンかそれにごく近いもの
で、甲羅やハサミ脚や歩脚の筋肉に多く含まれている。毒化したウモレオウ
ギガニではハサミの肉0.5グラムでヒト1人を中毒死させることができるらし

い。ところが、この強い毒性はすべてのウモレオウギガニにみられるものではなく、まったく無毒のものもあって、地域や季節によって毒性の強さや毒ガニの出現率は違う。このことからカニの毒はバラフエダイのような南海の魚類が毒化することで恐れられているシガテラ毒の場合と同じように、天然の餌の中に毒を生成する何かが含まれていて、それがカニの体内に蓄えられた可能性が強い。スベスベマンジュウガニやウモレオウギガニは雑食性で貝や小魚や藻類などいろいろなものを食べているので、それらの中に毒の原因があったのだろうが、経路や濃縮の過程については十分にわかっていない。

わが国ではスベスベマンジュウガニは房総半島以南の岩礁地帯やさんご礁で見られ、ウモレオウギガニは琉球列島でイセエビ類の刺網漁や夜の漁火漁で捕獲される。前者は甲幅が3〜4センチメートル、後者は8センチメートルぐらいで、ともに甲羅の斑紋がきれいなカニだが、その毒性は茹でても変わらないから、これらのカニは食べてはいけない。

伊豆諸島以南の太平洋とインド洋・紅海のさんご礁の礁原や礁斜面の浅場に生息するオオアカヒズメガニ Etisus splendidus は甲幅15センチメートルぐらい。夜間に活発に活動し、昼間はサンゴの隙間などに隠れている。茹でる前から赤くておいしそうだが、このカニも毒化する危険性があるようだ。

c. 両手にイソギンチャク

キンチャクガニ
ココス（キーリング）諸島　1992

キンチャクガニ Lybia tessellata は甲幅2.5センチメートルぐらい、インド・西太平洋のさんご礁の砂地や石の下で暮らしている。このカニは、オスもメスもいつも小さなイソギンチャクをその小さなハサミ脚に挟んでいる。ボンボン飾りに見えるイソギンチャクを振り回している様子は、まるで踊るチアガールか試合前のボクサーのように見えるから、このカニはボクサークラブ（boxer crab）の異名も持っている。刺胞のあるイソギンチャクを振り回すの

は、魚類などの捕食者から身を守るためだとか、ハサミのイソギンチャクを小動物に押しつけて、刺胞に刺されて麻痺したのを餌にしているらしいとか、またイソギンチャクの触手で餌を集めて食べているらしいとか推測されてはいるが、普通のカニではハサミ脚は餌を取ったり、外敵から身を守ったり、メスを捕まえたりと、とても重要な役割を果たしているのに、そのハサミ脚の機能をまったく犠牲にしてまでイソギンチャクを挟んでいる理由は十分にわかっていない。

　挟まれているイソギンチャクの種類についても諸説があってこれも謎であったが、沖縄の阿嘉島臨海研究所で、カサネイソギンチャクをキンチャクガニのハサミから外して単独で飼育したり、野外で採集した自由生活のカサネイソギンチャクをカニに挟ませて飼育する、という実験を 158 日間行って観察した結果、カサネイソギンチャクがカニに挟まれることでその形を変えること、また変化した形態はカニから外して自由生活に戻せば元の状態に戻ることが確かめられた[26]。キンチャクガニ類はほかに 9 種が知られているが、すべてがイソギンチャクを挟んでいる。それぞれのイソギンチャクの種類についてはまだ確定していない。

d. 密かにやってきたミナトオウギガニ

ミナトオウギガニ
アゼルバイジャン　2001（1.5 倍拡大）

　もともとアメリカ大陸の東岸、カナダからメキシコにかけて分布し、現在は

広くヨーロッパ一円や地中海沿岸の汽水域にみられるようになった小さなミ
ナトオウギガニ *Rhithropanopeus harrisii* の体色は緑褐色、甲幅は2センチメ
ートル程度だ。内湾や河口などの潮下帯の牡蠣礁や転石の下、軟泥質の泥底な
どに穴を掘って生息している、これといって特徴のないカニで、黒海やカスピ
海にも分布し、カスピ海に面したアゼルバイジャンの切手のオオチョウザメの
右下に描かれている。しかし、このカニは気がつかないうちに、密かに世界中
に分布域を拡げているようだ。1937年にはサンフランシスコ湾で、さらにカ
リフォルニア中央部の渓谷の淡水域で発見された後、パナマ運河でも見つかっ
た。そして、2006年には名古屋港中川運河で発見され、次いで大阪湾や東京
湾でも記録されて、ミナトオウギガニという和名がつけられた。幼生が港の近
くで外航船にとり込まれたバラスト水とともに運ばれているようだから、その
うちに分布が地球を一周する日が来るかもしれない。

47. イワオウギガニの仲間
イワオウギガニ科、イソオウギガニ科、
スベスベオウギガニ科

a. 名画になったカニ

Eriphia verrucosa
パラグアイ　1972

　ドイツ・ルネッサンスの巨匠アルブレヒト・デューラー（A. Dürer, 1471-
1528）は版画という技法をもって画壇に現れ、北方ルネサンスの重鎮として圧
倒的な迫力に満ちた作品を数多く残した。銅版画の最高傑作と言われる「騎

士と死と悪魔」や木版画の「ヨハネ黙示録」などは、誰しもが美術書などで一度ならず目にしていることだろう。そのデューラーは妻を迎えた1494年秋、生まれ育った内陸の都市ニュルンベルクを発って単身イタリアに旅し、翌年の春までベネチアに滞在した。このときアドリア海で獲れるエビやカニを生まれて初めて見て、自然の造形の妙にひかれ、驚きの目をもっていくつもの素描をしたらしい。ベルリンにあるヨーロッパウミザリガニのスケッチとともに、とりわけ評価が高いのが、このイワオウギガニの一種エリフィア・ベルコサ *Eriphia verrucosa* の絵である。彼の職人芸ともいえる鋭いデッサン力が十分にうかがえるこの水彩画は、容易にカニの種類がわかるほど正確である。

　エリフィア・ベルコサは地中海や黒海、さらに英国南部からアゾーレス諸島やモーリタニアにかけての沿岸浅海の岩礁に棲んでいる。イタリアやスペインの魚屋で、くすんだ褐色に黄色の斑点のある甲羅と顆粒に覆われたハサミ脚を持つ、甲幅8〜10センチメートルのカニをみかけたらこれである。

　デューラーはその生涯に何度も旅をした。後年、クジラがよほど見たくなったと見えて、北海の島まで出かけている。このカニの絵が描かれた頃、ベネチアから250キロメートルほど離れたミラノでは天才レオナルド・ダ・ヴィンチが「最後の晩餐」の制作に没頭していた。

b. フロリダイシガニのハサミ

フロリダイシガニ
タンザニア　1994

　メキシコ湾に面したテキサスの港町、ポートアランサスにあるテキサス大学の海洋研究所で浮遊生活をするユメエビ類の生態を調べていた1985年の夏のある日、港に続くクリークにかかった橋の上から下を見たら、泥底の上に大きなカニが出ているのが見えた。先端が黒い大きなハサミ脚で知られるフロリダイシガニ *Menippe mercenaria*（スベスベオウギガニ科）である。早速、研究

所の大工さんに手伝ってもらって、木箱に小さな入り口を付けたカニ罠を作った。涼しい早朝のまだ少し暗いうちに橋の上から餌を入れた罠をロープで下ろす。そして夕方、海での調査から帰って罠を引き上げたら、中に大きなカニが2匹入っていた。取り出したオスガニのハサミ脚を挟まれないように押さえると簡単に取れた。そのあと、カニをクリークに放したら、片方のハサミのなくなったカニは泥底に姿を消した。その夜、宿舎で大きなハサミ脚を茹で、槌で割って、白いむき身をビールのつまみにした私たちは次の朝もカニ罠を用意した。

　かようにフロリダイシガニは浅い泥場に巣穴を掘って棲んでいて、波止場の桟橋やクリークにかかった橋の下ででも簡単に獲れる。このカニは2年で成熟して春から夏に100万個もの卵を抱卵する。寿命は7〜8年らしい。赤褐色に灰色の斑のある甲羅の幅は15センチメートルぐらいもあるが、捕まえても甲の部分を食べることはあまりない。目当ては牡蠣殻でも砕くといわれる強大なハサミだ。このカニはハサミ脚を押さえると、隔膜のある関節が容易にはずれて自割するから、上手にハサミを取ってからカニを放つのが漁の規則になっている。失われたハサミ脚は再生し、脱皮のたびに徐々に大きくなって3年ぐらいで元に戻るといわれているが、放ったカニがすべて生き残ることはないらしく、水槽実験ではハサミ脚を取られたカニの3割程度はハサミが完全に復元する前に死んだという報告がある。ハサミはオスガニでは長さ14センチメートルにもなるが、7センチメートル以下は採捕が禁じられている。フロリダイシガニの分布はメキシコ湾、米国東海岸、キューバ周辺で、主産地のフロリダ半島では年間1,500トン以上の"ハサミ"が取引されている。

c. 歌舞伎役者のようなクマドリオウギガニ

クマドリオウギガニ
琉球　1969

1972年の本土復帰前に琉球で発行されたカニシリーズ5種の切手の中にイソオウギガニ科のクマドリオウギガニ *Baptozius vinosus* の図柄がある。このカニは甲幅6センチメートルぐらい、マングローブ湿地に多く、昼間は石の下や石垣の隙間に隠れていて、夜、活動する。甲羅は暗緑色でハサミが赤い。前から見ると眼と口の間に歌舞伎役者のくまどり化粧のような奇怪な模様があるところから、クマドリオウギガニという和名がついた。

　このカニにはヤクジャマガニという別名がある。八重山民謡（西表島）のヤクジャーマ節の主人公であるカニを示す方言から採られたものだ。もっとも、三宅貞祥博士によると、その民謡の中で人びとがたいまつを掲げて干潟を探し歩くのはこのカニではなく、食用になるアミメノコギリガザミだということである。

48. 目立たないカニ
ケブカガニ科

Pilumnus hirtellus
リビア　1996

　ケブカガニの仲間は数種を除いていずれも体や脚に褐色の毛が疎生〜密生し、ハサミの先だけが裸出している。さんご礁原の石の隙間や岩礁海岸に棲む、極めて目立たない、地味なカニである。駒井智幸博士（千葉県立中央博物館）によると、既知種の多くの原記載が不十分なうえ、新種の記載のときに使われ、学名の基準として指定されたタイプ標本が欧米の博物館に所蔵されているため、それらの標本の再検討が容易ではないことから分類の研究が遅れていて、多数の未記載種が存在するらしい。

　ピルムス・ヒルテルス *Pilumnus hirtellus* の甲幅は3センチメートル足ら

ず、大西洋東部や地中海や黒海の水深 10 メートルぐらいの砂泥地や石の下や大型海藻の根元に隠れて棲んでいる。密生する毛の間に泥が付いて、周りの色に溶け込んでいるから、動かなければ何とも見つけにくい。

49. 陸に上がったカニたち
イワガニ科、オカガニ科、トゲアシガニ科

　イワガニの仲間にはトゲアシガニ類を除いて、海から陸上に生活圏を拡げ、幼生期以外は海岸や河川から離れた場所で過ごすものがかなりいる。海岸に近いところでは灌木の根や石垣の間にベンケイガニ類が進出しているし、森や林の中にはオカガニ類が潜んでいる。彼らは水とまったく縁が切れたわけではないが、いずれも水の中にはあまり入らず、その生活のほとんどは陸上である。

　ガザミやケガニのように常時水の中で生活しているカニは大きい吸水口から鰓室に絶え間なく水を還流させて呼吸するが、イワガニ類では鰓室の水を口のすぐ上の出水口から出して甲に密生する毛の上をつたわせて空気中の酸素を溶け込ませながら再び鰓室に流し込んで呼吸したり、鰓に直接空気を導き入れて水を媒介にガス交換をしたりする。つまり、鰓室を通して空気の間接呼吸ができるのである。

　しかし、このように陸上生活に適応しているといっても多くの種では鰓室に水を長時間保つことはできないし、脱皮のためにも水が要るので、ときどき水に浸からねばならない。鰓室の呼吸水が少なくなると粘っこくなって泡がでる。海岸近くの土手や石垣の上でアカテガニ *Chiromantes haematocheir* がときどき泡を出しているのは新鮮な水が足りないときであって、"あわて床屋"がしくじって泡をくっているためではない。

a. 土手くずし

　陸上で多くの時間を過ごすようになったイワガニ類やオカガニ類の日常は、餌を探すことと鳥やネズミのような天敵から身を護ることで、見通しがよくて危険な干潟や草原では、巣穴を造っていつでも飛び込んで隠れる準備が必要に

カクレイワガニ
ニウエ　1970

ムラサキオカガニ
台湾　2010

なる。カニの巣穴は単純な一本道で行きどまりのものが多いが、中にはモグラ
の穴のように深くて枝分かれした穴を掘る種類もあり、また入口が共通で中に
数匹が分かれて棲んでいる場合もある。建売り住宅、豪邸、アパート住まいの
別みたいなものだ。夏の活動期には水際に浅い巣穴を造って棲み、寒くなると
やや高い場所の深い穴に移動する、いわば別荘持ちのカニもいる。

　巣穴作りは時として農家の人びとにとってはなはだ迷惑な事態を引き起こ
す。カニが水田の畔に穴をあけるので水位の調節ができなくなったという話は
今もときどき聞くし、東南アジアや中国で、エビやウナギの養殖池の堤から水
漏れが起こって困るからカニ退治の対策がないかと聞かれたこともある。たく
さんのカニが巣穴を掘ったところに大雨でも降ったら水が漏れるぐらいではす
まない。堤防がカニ穴のために決壊したという記録さえ残っている。被害の多
い地方では“土手くずし”の異名をつけているほどだ。

　カクレイワガニ *Geograpsus grayi* は甲幅４センチメートルぐらいで、海か
ら離れた湿り気の少ない草原や灌木の根元に巣穴を掘って棲んでいる。甲羅が
紫色で美しいこのカニは、広くインド・西太平洋に分布し、昆虫類をよく食べ
ている。わが国では九州南岸や沖縄で夏の夜、海岸に幼生を放ちに来るのを海
に近い農道や畑で見かける。

　ムラサキオカガニ *Gecarcoidea lalandii* もインド・西太平洋のカニで琉球列
島からアンダマン島にかけて分布している。甲幅７センチメートルぐらいで夜
行性、日中はほとんど巣穴に隠れていて、見つからない。

b. 岩場を走るカニ

Grapsus grapsus
グレナダ　1990

Pachygrapsus marmoratus
ルーマニア　1966

　オオイワガニ属のグラプサス・グラプサス *Grapsus grapsus* は太平洋のカリフォルニア湾からペルーにかけての温暖な海岸で一番よく見るカニかもしれない。このカニは巣穴を造らず、海岸の岩場を棲みかにしている。雑食性で藻類から動物の死体や海鳥の卵まで食べることが記録されている。甲幅は8センチメートルぐらいで、歩脚が赤くて背甲がオレンジ色のとても目立つカニだが、岩の上を飛ぶように移動するので、捕まえることは至難の業だ。かつてガラパゴス島の海岸で岩に座ってウミイグアナを観察していたとき、周りの岩の上にこの赤いカニがたくさん出てきたのだけれど、ちょっと身動きしたとたんにカニたちはウミイグアナだけを残して視界から消えた。

　前年に『怒りの葡萄』を発表して作家の地位を不動のものにしたジョン・スタインベック（J. Steinbeck, 1902-1968）は、1940年の春、生物学者エド・リケッツとともに漁船ウエスタン・フライヤー号で40日間にわたるカリフォルニア湾の生物採集航海をした。その記録『*The Log from the Sea of Cortez*』（邦訳は『コルテスの海』工作舎、吉村則子・西田美緒子訳）の中で、このカニをサリーライトフット（Sally rightfoot）と呼んで次のように記述している。「この小さなカニは輝くばかりの七宝の甲羅を持ち、抜き足さし足で歩く。驚くべき目の持ち主で、瞬間的に反応する。岬の岩の上に群がり、湾の中にも少しいるのだが、捕まえるのは極めて難しい。どうやら四方に自由自在に走れ、その上なによりも、狩人の心が読めるらしい」

　ビスケー湾から黒海まで、ヨーロッパの海岸の岩場でよく見かけるイワガニ属のパキグラプサス・マルモラータス *Pachygrapsus marmoratus* も巣穴を造らないで、水辺に暮らしている。甲幅3〜4センチメートル。岩礁につく藻類

や貝類を食べる雑食性で、ヒトが近づくと岩の隙間に素早く逃げ込んでしまう。

トゲアシガニ
モルディブ　1978

　トゲアシガニ *Percnon planissimum* は常に水の中の岩の表面や隙間で生活している。インド・西太平洋水域の外海に面した岩礁地帯に棲んでいて、わが国では房総半島から八重山諸島や小笠原諸島まで分布する。正面から見ると額の下縁に輝くような金色の線が通っていて大変きれいなカニだが、岩の上面を滑るように素早く動きまわるので、これも簡単には捕まらない。

c. アセンション島のイワガニとオカガニ

ダーウィンとビーグル号
インド　1983（1.5倍拡大）

　1831年12月27日、賑やかだったクリスマス休日の余韻がまだ残る英国デヴォンポート港を英国海軍のビーグル号が世界周航の旅に立った。冷たく陰鬱なビスケー湾を進む全長30メートル、242トンの帆船は、前方に波立ち荒ぶる灰色の大海原に比べてあまりにも小さい存在ではあったが、未知の土地への長い航海に加わることを許された22歳の青年チャールズ・ダーウィンの胸は、三本マストに風を一杯にはらんだ白い帆のように大きく膨らんでいたに違いない。

ビーグル号はカナリー諸島、ケープベルデ諸島を経てブラジルに渡り、ティエラ・デル・フエゴを経てチリ沿岸を北上してガラパゴス島を訪れ、その後、太平洋を横断してタヒチ島、ニュージーランドを通ってオーストラリアに行き、シドニーとホバートに寄港してからモーリシャス島を経て再び大西洋に出た。そして、ブラジル東岸を北上して母港に帰りついたのは 1836 年 10 月 2 日であった。5 年にわたる大航海の間、ダーウィンは上陸した先々で自然や住民を観察し、動植物や岩石の標本を集め、航海中に経験したあらゆる事柄を鮮明に記録した。フエゴ島の原住民たちの生活と運命、熱帯の多雨林やさんご礁、火を噴く火山島と地震、ガラパゴス諸島の鳥類やゾウガメ、標高 4,000 メートルのアンデスの峠で見つけた海産の貝の化石など、彼にとってはすべてが新鮮な驚きであり、それらについての詳細な考察はやがて『種の起源』となって花開いた。

Grapsus adscensionis
英領アセンション島　1982

Johngarthia lagostoma
英領アセンション島　1956

　ビーグル号は 1836 年 7 月 19 日から 23 日まで、この南大西洋の中央に浮かぶ絶海の孤島アセンション（英領）に寄港した。その 150 年を記念して 1982 年に発行された 4 種の切手のうちのひとつがグラプサス・アセンシオニス *Grapsus adscensionis* である。甲羅が深紅色でハサミが紅いきれいなカニで、アセンション島とアフリカ西岸に分布する。甲幅は 8 センチメートル程度で、岩礁の表面を素早く動いて、荒波にたたかれて水に落ちてもすぐに岩の上に上がってきて決して水の中に入ることはない。
　『ビーグル号航海記』の中で、ダーウィンは、この溶岩に覆われた火山島には"陸のカニ"とネズミが多かったと書き残しているが、それがグラプサス・アセンシオニスだったかどうかはわからない。私はそれではなく、やはりこの島の山地に棲むオカガニ科のジョンガルシア・ラゴストマ *Johngarthia*

lagostoma だったと思っている。甲幅が10センチメートルを超える大ガニ
で、アセンション島と周辺の島の山腹の林や草原に巣穴を掘って生息してい
て、海抜400メートルを超える高地でも見つかることがあるようだ。夜間と雨
の日に活動し、2月から4月には幼生を海に放つために山を下る。雑食性で、
植物から海鳥の卵やふ化したばかりのアオウミガメの仔まで食べるという。19
世紀末に島のネズミとこのオカガニを減らそうとした総督の指示で、入植者た
ちが報奨金目当てにカニ獲りを行ったぐらいたくさんいたようで、1879〜1887
年の間に、33万匹が捕獲されたという記録が残っている[27]。

d. 幼生の放出

ミナミオカガニ
モーリシャス　1978（1.6倍拡大）

ミナミオカガニ
琉球　1969

ミナミオカガニ
ココス（キーリング）諸島　2000

　夏の満月前後の大潮に、熱帯の島々では何千何万匹というオカガニたちが丘
を越え草地を渡って浜辺に集まってくる。何しろ砂浜を埋め尽くすほど数が多
いので、石垣島あたりでは彼らをミチバダルカン（道一杯に行列が続くカニ）
とかフサラーカン（腐るほどたくさん出てくるカニ）と呼んでいるほどだ。や
がて夜、波打ち際で潮を浴びながらカニは体を激しく震わせて、腹からパーッ
と煙が立ち上るようにケシ粒のような幼生を放出する。それは生命の神秘さえ

感じさせる光景である。幼生の放出は潮が完全に満ちた直後に最も盛んになるから、ふ化したゾエア幼生は波打ち際に打ち上げられることなく、大部分が沖合に運ばれて拡散する。熱帯や亜熱帯地方に棲むオカガニ類は呼吸機能や行動が陸上生活に最も適応している。それらのカニにとっては陸上の方が隠れるところが多いし餌も見つけやすいのかもしれないが、はるか遠い祖先が一生を過ごした海は現在もまだ離れがたい故郷である。

　ミナミオカガニ Cardisoma carnifex は琉球列島から大洋州やインド洋の島々に分布し、マングローブ湿地の軟泥に巣穴を掘って棲んでいる。甲幅9センチメートルぐらい、八重山地方ではギダーサオカガニと呼んで食べることがあるが、おいしくないという話。インド洋に浮かぶモーリシャス諸島からの切手の図は 18 世紀の初期にフランスで出版された探検家フランシス・レグア（F. Leguat, 1637/1639-1735）の『A New Voyage to the East Indies（東インドへの新航海）』の表紙から取られたもので、誤って裏刷りになっているが、モーリシャスのロドリゲス島の風景である。左下端の川辺にアルダブラゾウガメとともに数匹のカニが描かれているが、この島にはミナミオカガニがとても多いという。

Cardisoma guanhumi
ネイビス島　1990

C. armatum
ガボン　1993

　カルディソマ・グアンフミ Cardisoma guanhumi はメキシコ湾沿岸やカリブ海の島々に分布する甲幅が 15 センチメートルにも達する青いオカガニで、オスの片方のハサミ脚は甲幅よりもっと大きい。カルディソマ・アルマタム C. armatum は西アフリカ沿岸に棲む。若い個体は甲羅が青紫色、ハサミが白く、脚が赤いことからレインボークラブ（rainbow crab）と呼ばれて観賞用に人気がある。甲幅は 20 センチメートルに達するが、成長が進むと体色が褪せてしまうので、大きい個体を見ることはあまりないという。ガボンの切手には

バイオリン弾きのカニ（crab violoniste）と書かれているが、「バイオリン弾きのカニ」は北米東海岸からメキシコ湾の河口や干潟にとても多いスナガニ科のレプチュカ・ピュジラト *Leptuca pugilator* を指すことが多いようだ（179頁、バルバドスの切手）。片方の大きなハサミを動かす様子があたかもバイオリン弾きを思わせるからだろう。

Gecarcinus ruricola
キューバ　1969

　フロリダ半島や西インド諸島に分布するオカガニ類の中ではゲカルシヌス・ルリコラ *Gecarcinus ruricola* がよく知られている。甲羅が濃い紫色、ハサミがオレンジ色の鮮やかなカニで、草原に巣穴がある。甲幅9センチメートルぐらいに成長し、食用にもされるが、捕まえるのが難しいから幼生を放ちに浜辺に集まってくるときがチャンスになる。オカガニ類は水がなくても長時間生きていられるから、このカニがキューバから米国に送られるバナナに紛れてしばしば米国東海岸の都市に渡ったという記録が残っている。きれいで飼いやすいので、わが国にも観賞用に輸入されて、たまに熱帯魚店で見ることができるようになった。

e. クリスマス島の赤いオカガニ

　インド洋にぽつんと浮かぶクリスマス島とココス諸島にはゲカルコイディア・ナタリス *Gecarcoidea natalis*（通称クリスマスアカガニ）という甲幅が11センチメートルぐらいの赤いオカガニが棲んでいる。このふたつの島の固有種だが、ふだんは森の中に棲んでいて、10月と11月、島が雨季に入ると森を出て交尾と産卵のために大群で海岸に移動する。まずオスが1週間以上かかって砂浜に到着し、巣穴を掘ってメスを待ち、遅れて到着したメスと巣穴で交尾して森に帰る。メスは巣穴に残って産卵し、卵を抱えて2週間ほどふ化を待

クリスマスアカガニ　　　　　　　海岸に移動するクリスマスアカガニ
クリスマス島　1984　　　　　　　クリスマス島　1984

つ。やがて大潮の夜、メスは一斉に波打際に出てゾエア幼生を海に放って、ま
た森に帰る。幼生は3〜4週間水中で浮遊生活をし、脱皮を繰り返してメガロ
パ（後期幼生）に変態した後、沿岸に戻って5ミリメートルぐらいの幼体とな
り、森に帰って陸上生活が始まる（40頁、クリスマス島の切手）。このカニが
再び海岸に出てくるのは成熟した4〜5年後のようだ。

　クリスマス島には約4,000万匹のカニが棲んでいると推定されているが、彼
らが一斉に移動するときの光景は圧倒的で、道路も海岸もカニの赤色で埋め尽
くされ、道端の住宅の中にも入ってくるのを動画で見たことがある。島では大
移動の時期には場所によって車両を通行止めにしたり、カニが車道に迷い込ま
ないようにカニ専用のフェンスを道路沿いに設置したりしている。カニと島民
の共存のために、ガニ専用の歩道橋や地下通路が建設されているのはクリスマ
ス島だけだろう。

50. マングローブに棲むカニ
ベンケイガニ科、イワガニ科

　熱帯の河口域や湾奥に発達するマングローブはオヒルギ、メヒルギ、マヤプ
シキなどの常緑の灌木からなる植物群で、泥底の浅瀬にこれらがタコの足のよ
うな気根を広げてびっしりと生い茂ると独特の景観を呈する。マングローブの
間には無数のクリークが迷路のように続いていて、カヌーで樹林の中に入ると
強い日差しが遮られ、マングローブの花の甘い香りと泥の匂いに満ちた、緑に

Parasesarma erythrodactyla
フィジー　1991

Goniopsis cruentata と
マングローブ
英領ケイマン諸島　1980

Aratus pisonii
英領ヴァージン諸島　1980

囲まれた別世界になる。湿地の中は静かなようで、いつもいろいろな音に満ち
ている。小鳥の鳴き声、樹上をわたるサルの一群の声、気根の間から漏れてく
るカチッ、カチッというシオマネキの音、耳をすませば泥の上で盛んに餌をあ
さって動き回っている小さな巻貝のジブジブ、ジブジブという絶え間のない物
音が聞こえるだろう。

　かつてマングローブ地域は木炭の原料の供給源ぐらいにしか見られず、多湿
でマラリヤの巣窟で、毒蛇やワニが隠れていて、ヒトが住めない、したがって
価値の低いところと考えられていた。このため1960年代には埋め立てやエビ
養殖池の造成のために伐採されて、その自然は急速に、そして無残に破壊され
た。そして、熱帯の内湾を縁取っていた広大な緑の部分が大規模に失われてし
まった今頃になって、マングローブ地域は有用な稚エビや稚魚の天然の成育場
所であり、土砂の流失や海水の浸食などの自然災害を防ぐ環境として、その価
値が見直されている。

　マングローブ生態系の食物連鎖や物質循環にはまだわかっていない部分が少
なくない。ヒルギやマヤプシキの類が光合成によって同化する有機物の量は極
めて多いが、その硬い葉や樹木を直接食べる大型動物はほとんどいないので、
緑の大部分が湿地に落ちて堆積し、やがてゆっくり分解される。ところが湿地
にはこれらの葉を食べたり細かく刻んだりするカニがいて、落葉の分解作用を
促進する役目を果たしているようで、栄養循環の上での彼らの働きが注目され
ている。

カクベンケイガニ属のパラセサルマ・エリスロダクティラ *Parasesarma erythrodactyla* はオーストラリア東岸やフィジー諸島の広大なマングローブ域で、落葉が溜まった潮間帯の泥場に巣穴を掘って暮らしている。甲幅3センチメートルほどの、ハサミの先端が赤いカニだ。主食はマングローブの葉と種、そしてそれらの表面に発生する藻類や有機物である。イワガニ科のゴニオプシス・クルエンタータ *Goniopsis cruentata* もマングローブ湿地に巣穴を造るカニで、甲幅4センチメートル。大西洋の両側の熱帯域、すなわちバミューダ諸島からブラジル南部とセネガルからアンゴラ北部に分布を拡げている。マングローブの根元やシダの下に隠れていることが多く、近づくとさっと巣穴に入ってしまうのでなかなか捕まえにくい。

　マングローブ湿地の環境は立体的で変化に富み、単調で平面的な砂浜や岩礁と違って生活空間が広いから、そこにはいろいろな種類のカニが見られるが、中でもアラタス・ピソニ *Aratus pisonii* はマングローブガニの名があるように、ヒルギの木に棲む変わり者である。甲幅が2センチメートルぐらいで、ヒルギの葉の色に近い緑褐色の体色をしていて目につきにくい。そして、手の上を歩かせると痛みを感じるほどすべての脚の先端がピンのように尖っている。これで細い小枝にも簡単に登って木の葉をかじる。ベンケイガニ科の一属一種で、その分布域はフロリダ半島からブラジル中部の大西洋岸と中央アメリカからペルーまでの太平洋岸に限られる。

51. チュウゴクモクズガニの明と暗
モクズガニ科

　なにかと世界の関心を集める中国にはお騒がせのカニがいる。チュウゴクモクズガニ *Eriocheir sinensis* である。最も知られている中国の呼び名は「大閘蟹」（ダージャーシエ）であり、上海でも香港でも台湾でも、この名で呼ばれている。語源は、産卵のために下ってくるところを閘（水門）を閉めて獲るためといわれるが定かでない。秋から冬にかけて、中華料理店に「上海ガニあります」と書かれて、食通を誘うカニがこれである。上海国際空港の売り場に

チュウゴクモクズガニ　　チュウゴクモクズガニ
中国　1980　　　　　　タンザニア　1994

は生きている陽澄湖産のカニが並べられている。せいぜい甲幅８センチメート
ルぐらいの見栄えのしないカニだが、一匹ずつひもで縛って甲羅にタグが付け
られているほどの高級品である。大きい一対のハサミ脚の回りにはびっしり
と絨毛が生えていて、和名のモクズガニはこの絨毛を藻屑に例えたのであろ
う。四角い形の甲羅は青緑色をしているが、蒸したり茹でたりすると、鮮やか
な柿色に変わる。小さいカニだから食べるところは少ないが、甲羅の中の内子
やカニ味噌が珍重されるから、内子が大きくなる秋（旧暦の９月、10月）に
店頭に出る。蒸しガニが一般的な食べ方だが、甲の中身はともかく、脚の中身
まで食べるのはかなり難しい。中国料理のメニューにはカニ味噌入りのスープ
やカニ味噌入り小籠包がある。酔蟹は上海料理のひとつで、モクズガニを生ま
で白酒や紹興酒に３〜４日間漬けたものである。しかし、これを食してウエス
テルマン肺吸虫に感染した例も報告されているので、生食は絶対にせず、加熱
処理をして食べることが望ましい。中国切手にあるチュウゴクモクズガニの絵
は高名な中国の画家、斉白石の作による。
　一生のほとんどを淡水域で過ごすチュウゴクモクズガニは中国大陸と朝鮮半
島が故郷で、幼生が浅海や汽水域で育つため、親ガニはオス、メスとも夏の終
わりから産卵のために河口や海岸に移動を開始する。そして秋に河口に到着し

て交尾したのち、メスが抱卵して海岸に移動し、翌年春にゾエア幼生がふ化する。幼生は沿岸で脱皮を繰り返し、やがて腹肢を用いて巧みに遊泳して河川の汽水域を遡上する。変態した稚ガニは泥地の中に穴を掘って棲む。このカニの移動距離は驚くほど大きく、生涯で 1,500 キロメートルにおよんだという記録がある。

　主産地の長江沿いでは養殖もされている高価な食用ガニであるが、中国から輸出された水産物に混じったり、幼生の間に船のバラスト水などによって拡散したりして、1912 年ドイツのヴェーザー川で見つかって以来、ヨーロッパ一円に分布を拡げ、北米でも 1990 年代に西岸のサンフランシスコ湾や東岸のチェサピーク湾に分布域を拡げてしまった。本種が短期間のうちに分布を拡げたのは、欧米の淡水性カニと異なり陸上を移動してほかの水系へも侵入できたからとされる。侵入したチュウゴクモクズガニは、河床に大きな巣穴をあけて堤防を弱体化させたり在来の生きものをおびやかしたりして、生態系に悪影響を与えることが危惧されている。そのため IUCN はこのカニを世界の侵略的外来種ワースト 100 のリストに入れ、国際海事機関（IMO）も侵略的外来種の世界ワースト 10 に加えている。わが国の外来生物法では、モクズガニ属のもう一種で中国南部原産のエリオチェア・ヘプエンシス *E. hepuensis* とともに特定外来生物に指定されている。

52. サワガニの仲間
サワガニ科、シウドテルフーサ科

Johora singaporensis
シンガポール　1992

Thaipotamon chulabhorn
タイ　1994

Guinotia dentata
ドミニカ　1973

　サワガニの仲間は陸上の淡水域で 150 属以上に分化して、現在 650 種以上が知られている。日本には本州と四国、そして九州の山間部に分布する固有種のサワガニ *Geothelphusa dehaani* のほか、九州の大隅半島から南西諸島にかけて 24 種のサワガニ類が棲んでいる。

　一般にカニの卵は小さく、数が多い。そしてメスガニは卵がふ化するまで腹部に抱いて保護している。卵の中で幼生の発育が進み、ゾエアに成長すると卵殻を破って泳ぎ出し、浮遊生活を始める。ところがサワガニ類は直径 3 ミリメートルほどもある大きい卵を少数生み、子は親に似た姿の幼体に成長してからふ化する。幼体はしばらく母ガニの腹肢の毛にしがみついて保護してもらい、ときどき、母ガニから離れて泳ぐが、何かに驚くとすぐ母ガニの腹に逃げ込んでしまう。このような情景はザリガニ類にもみられるが、淡水生活するサワガニとザリガニが同じ方法で子供を育てているのは興味深い。

　種族を維持し、子孫を繁栄させるためにエビやカニがさまざまの適応生活をしてきたことはすでに述べた。幼生が海水中で浮遊生活をするために、生活場所が浅海や河口に張りつけられた形になっているエビやカニの中から、サワガニやザリガニの仲間は少数の子供を卵の中で親と同じ形になるまで育ててしまうという方法で淡水生活への適応を成し遂げた。この意味で彼らは進化上の成功者といえるだろう。

　サワガニは古くから山村の人びとに食べられ、今では都会の居酒屋でも突き出しとして喜ばれている。しかし日本や中国、東南アジアにいるサワガニ類は恐ろしいウエステルマン肺吸虫や宮崎肺吸虫の第二中間宿主になるので、食べるときには十分に熱を加えなければならない。肺吸虫はカワニナを第一宿主、

175

サワガニを第二宿主として発育し、ヒトや犬の体内に入ると小腸から肺に移動して成虫になる。1981年秋、北京の中国科学院動物学研究所を訪れたとき、戴愛云博士（A. Dai）から、中国大陸ではかつて川沿いのいくつもの村落がウエステルマン肺吸虫症の蔓延のために放棄されたり村民が半減したりしたという話を聞き、現地で撮られたやせ細って死の直前を思わせる人びとの写真を見せられた。改革開放後、延べ数百万人もの人びとが河川の大掃除に参加して、人海作戦でカワニナとサワガニを見つけ次第深い穴に埋めて殺し、ようやく農村の病気の発生を防ぐことに成功したということである。

　シンガポールとタイの切手になっているサワガニ科の一種、ジョホラ・シンガポレンシス *Johora singaporensis* やタイポタモン・チュラブホン *Thaipotamon chulabhorn* も酒の肴になるのだろうか。もっとも前者は IUCN の絶滅危惧種の上位にランクされているし、後者は種名がタイ王室のチュラブホン妃殿下に献じられているので、採って食べたりすることはないだろうと思われる。西インド諸島のドミニカやマルチニークの山間の渓流や池にはシウドテルフーサ科のサワガニ、ギノティア・デンタータ *Guinotia dentata* が棲んでいる。甲幅6センチメートルぐらいで、木の根の間に巣穴を掘っていることが多い。地元民は食用にしているという。

53. スナガニの仲間
スナガニ科、ミナミコメツキガニ科

　スナガニの仲間にはシオマネキ *Tubuca arcuata* やハクセンシオマネキ *Austruca lactea* など大きなハサミをもつ干潟のカニが多い。埋め立てや汚染のために棲めるところが少なくなってしまったが、夏の晴れた日に西日本の内湾や河口の干潟を歩けば、巣穴から出て活動している彼らを見ることができるだろう。天敵はシギ、チドリ、サギなどの水鳥である。このような天敵に対抗するため、スナガニ科のカニは動くものに対して敏感で、大きなものが近くで動くと走って巣穴に逃げこむか、水辺の砂泥にもぐりこむ。複眼や脚がよく発達しているのは、隠れる場所の少ない砂浜や泥場という生息地への適応やこれ

ハクセンシオマネキ
ジブチ　1977

リュウキュウシオマネキ
琉球　1969

らの敵に対する備えといえる。動くものには敏感でも、巣穴の近くでじっと待っていると、やがて姿を現して活動を始めるので、辛抱して観察してみよう。

　カニたちが巣穴から出ているのは気温の高い日中に限られ、雨天には活動しない。天気が良いと干潟が露出するのを待ち構えて彼らの活動が始まる。周りの砂泥を小さい方のハサミですくい取り、口に運んでその中に含まれている微小藻類や有機物をえり分けて食べ、残り滓（かす）の砂泥を団子状に丸めておく。時間が経つにつれて、カニの活動が盛んな場所では砂団子がどんどん増えて、干潟の表面に砂団子の模様ができるだろう。潮が満ちてくると、カニは砂の塊を脚で運んで巣穴の中に入り、それを使って内側から入口をしっかり閉ざしてしまう。砂団子はやがて崩れて跡形もなく消えてしまうが、入念に蓋をした巣穴の中には空気が満ち、水は入ってこない。暗闇の世界でカニは潮騒を聞きながら、しばし微睡（まどろ）んでいるのだろうか。

a. けわしい恋の道

　シオマネキ類は熱帯・亜熱帯に多い。ハクセンシオマネキは東アジアの固有種で、リュウキュウシオマネキ Tubuca coarctata はインド・西太平洋水域に広く分布している。彼らが強い日差しを浴びながら、干潟の上で大きいハサミを上方に持ち上げ素早く下ろす動作を繰り返している様子は、白扇をかざして潮を招くという、その名にふさわしい。シオマネキ類のオスに共通に見られるこの動作は、しかしながら、潮招きではなく、本当はメスを自分の巣穴に誘い込むための行為なのだ。しかもどのメスでもよいかというとそうではないらし

ヒメシオマネキ
ベトナム　1965

ルリマダラシオマネキ
パプアニューギニア　1995

い。

八代海の干潟でハクセンシオマネキの生態を長年にわたって観察した山口隆
男博士によると、オスに誘惑されるのは"放浪メス"に限られる。これは自分
の巣穴を捨ててあたりをさまようメスガニである。このような放浪メスは愛の
刺激を受けやすくなっているが、毎日少数ずつしか現れないから、恋の道のけ
わしさはいずこも同じで、ことはそう簡単には運ばない。適当なメスが見つか
るとオスは彼女に近づいて大きなハサミを振り、体を上下させながら少しずつ
自分の巣穴へと後退してゆく。そして素早く巣穴に入る。続いて彼女が来てく
れれば入口に蓋をしてメデタシというわけだ。それでも途中で誘いに乗らな
かったり、一旦巣穴に入ってもすぐに出てしまったりするのが少なくないらし
い。幸運を射止めて愛の一時を過ごすのはわずかで、多くのオスは熱心にハサ
ミを動かしていても、空しく一日を終えるというから、カニの世界も厳しいも
のだ。

オスの巨大なハサミは幼体のときから発達しているわけではない。ハサミが
大きくなり始める前に幼体の左右どちらかのハサミ脚が脱落する。間もなくハ
サミは再生するが、これは小さいハサミ脚になって、残った方が大きいハサミ
になる。因みにハサミを2本とも取ってしまうと両方とも小さいハサミの、メ
スのようなオスになってしまう。小さい方のハサミは餌をとるために使われる
ので、生きるためには小さい方のハサミが絶対に必要なのだ。

左と右のどちらのハサミ脚が脱落するかは種類によって違うようで、ハクセ
ンシオマネキでは決まりがないが、ヒメシオマネキ *Gelasimus vocans* では圧

倒的に右側が大きい個体が多い。ヒメシオマネキは甲幅2センチメートル足ら
ずの小さいカニで、琉球列島や台湾、フィリピン、マレー半島などのマングロ
ーブ湿地にたくさん棲んでいる。インド・西太平洋の干潟縁辺の転石地には
甲幅2〜3センチメートルの藍色の美しい甲羅をもったルリマダラシオマネキ
Gelasimus tetragonon が見られる。

Minuca pugnax
セントビンセント・グレナディーン諸島
1977

Leptuca pugilator
バルバドス　1965

　シオマネキ類は世界で約100種が知られている。とりわけ中南米の熱帯域で
多様化が進み、半数近くの種がその地域に分布している。ミヌカ・プグナクス
Minuca pugnax とレプトゥカ・ピュジラトはともに甲幅2センチメートルぐ
らいで、前者はバハマ諸島から仏領ギアナに、後者は北米東海岸やメキシコ湾
に分布し、そのあたりに住む人びとには、わが国のシオマネキのように親しま
れているカニである。オスの片方のハサミは甲幅の倍近く大きい。形は大変よ
く似ているが、どちらかというと前者は泥場に多く、後者は水辺に近い砂地を
好んで棲んでいる。シオマネキの類はハサミの動かし方にも違いがあって、目
が慣れてくると遠くからでも種類がわかるそうだ。古くから研究の対象にされ
てきたから、音を出したり、太陽コンパスで方向を定めて移動したりする行動
がよく調べられている。オスが音を出すのも求愛行動のひとつらしく、歩脚と
ハサミをこすり合わせたり、ハサミで地面をたたいたりしてメスを刺激する。
また、聴覚も鋭く、特定の音には素早く応答する様子が記録されている。

b. がん漬け

シオマネキ
北朝鮮　1990

　これほどありふれた、目につきやすいカニだけれど、シオマネキ類が食用に
されるという記述はほとんどない。例外は有明海に面した佐賀や福岡県の柳川
で賞味される "がん漬け" である。その地方でマガニとかマガネと呼ばれるシ
オマネキの塩辛で、干潟で捕まえたカニを石臼で潰し、塩と唐辛子を十分に加
えて発酵させて初冬の食膳に供する。辛くて舌が焼けただれるようで、すり潰
された甲羅が口にざらつくぐらいはまだしも、赤くて大きいハサミの破片が出
てきたりして参ってしまうが、土地で育ったひとには辛味の奥にひそむカニの
味と香りが、美しい有明海の夕映えと刻々に変化する水と潟の縞模様を思い描
かせるのであろう。九州ではカニをカネとなまり、そのあとに言葉がつくとガ
ンと発音する。こうしてカニ漬けが "がん漬け" になる。

c. 幽霊ガニ

　ツノメガニ類は高潮線近くのきれいな砂地に巣穴を造って棲んでいる。天気
の良い早朝、まだ静かな砂浜を歩くと、遠くにたくさんの小さな黒い点が影を
作って右に左に動き回っているのに気がつくかも知れない。近づくと影はとた
んに消えてしまってあとは砂と潮騒ばかり、砂上に見えた無数の黒点の乱舞は
真夏の幻想のようにさえ感じられる。ひとけがなくなるとカニたちは再び巣穴
から出てきて砂浜に散らばる。

　彼らがゴーストクラブ（ghost crab）と呼ばれるのはこうした現象から来た
のであろう。大体、このカニたちはカモメのような海鳥の攻撃から身を守るた
めに、砂の表面の珪藻などの有機物を食べている間も長い眼柄を立てて全方向
が見える複眼を光らせて常に警戒を怠らない。夜は体表の色素細胞が縮小して
透明に近くなるので、ライトを向けると影ばかりが右に左に飛びかっているよ

ツノメガニ
ニュージーランド領トケラウ 1999

Ocypode cursor
キプロス 2001

O. gaudichaudii
コスタリカ 1994

うで、まさに幽霊である。

　ツノメガニ *Ocypode ceratophtalma* は甲幅4センチメートルぐらい、アフリ
カ東岸からハワイ諸島までのインド・西太平洋に普通にみられる。オスのハサ
ミは左右で大きさが違うが、シオマネキほど大きなハサミにはならない。成熟
したオスでは眼柄の先端が著しく長い角となって突出しているので、簡単にほ
かの種類との区別がつく。甲羅の前縁に眼柄を収容する一対の溝（眼窩）があ
って、巣穴に飛び込むときはそこに眼柄を畳み込んで眼を保護する。

　東アフリカ沿岸や地中海沿岸に棲むオシポデ・クルソウル *O. cursor* も眼柄

に長い角がある、甲幅5センチメートル以上のカニである。アフリカのギニア
ビサウのオランゴ国立公園の砂浜で、このカニがウミガメの卵を食べている
と報告されたことがある。オシポデ・ガウディシャウディ *O. gaudichaudii* は
中米からチリ沿岸やガラパゴス諸島に分布する。甲幅2〜3センチメートル。
海岸に打ち上げられた植物や動物の死骸を主に食べていて、幽霊ガニの名の通
り、危険を感じるとあっという間に巣穴に飛び込んで姿を消してしまう。その
走行速度は秒速約3.4メートルということだ。

O. quadrata
英領アンギラ　1987

ミナミスナガニ
クリスマス島　1985

　ツノメガニ類なのにオスの眼柄の先端に角がない種もいる。北米東岸からブ
ラジル沿岸に見られるオシポデ・クワドラータ *O. quadrata* やインド・西太平
洋に広く分布するミナミスナガニ *O. cordimanus* がそれで、前者は甲幅5セン
チメートル程度、後者は3センチメートルぐらいである。日本本土で最も広く
みられるスナガニ *O. stimpsoni* の切手はない。甲幅が3センチメートルぐらい
のこのカニは、砂浜の波打ち際付近に巣穴を造って生息している。かつては水
のきれいな海水浴場でよく見かけたが、海の汚染や砂浜の減少によって生息地
が減ってきている。そして中国地方や九州のいくつかの県では絶滅危惧種に指
定されている。

d. ミナミコメツキガニ

　大きく伸びたサトウキビの畑を通って太陽が照りつける海に出る。麦わら帽
をかぶって歩く沖縄石垣島の昼下がり、堤防の端に腰を掛けて見下ろす静かな
砂浜はミナミコメツキガニ *Mictyris guinotae* の遊び場になっていた。甲羅が
丸みを持った小さいカニたちは何百匹もの群れをなして砂の上で躍っている。

ミナミコメツキガニ
琉球　1968

隣のカニと向かい合って鬼ごっこのようなことをしたり、4対の脚で立ち上がって両方のハサミを上にあげたり、ハサミを組み合って仲間同士で喧嘩をしたりしている。ツノメガニ類のようにすばしこくないし、このカニは前歩きもできるから動きが複雑で眺めていて楽しい。ミナミコメツキガニは種子島から八重山諸島までの南西諸島に分布する日本固有種とされている。甲幅1センチメートルぐらいで、巣穴は造らず、満潮時には砂の中に潜ってじっとしている。

54. カニ座の切手

農耕暦に描かれるカニ座
イタリア　1963（1.5倍拡大）

カニ座
サンマリノ　1970

カニ座
ルーマニア　2011

カニ座
イスラエル　1961

　ギリシャ神話の最高神ゼウスの不倫の子だったヘラクレスは、ゼウスの妻の
ヘーレーに憎まれていて、あるときヘーレーがそそのかした大ガニに足を挟ま
れてしまう。彼は大ガニをすぐに踏みつぶしたが、大ガニをあわれんだヘーレ
ーはそれを天空に移した。こうしてカニ座ができあがったとギリシャ神話は伝
えている。カニは昔からヒトに親しまれた生きものだったのであろう。

　近頃はわが国でも西洋の星占いが普及して、テレビでもサソリ座生まれは今
日よいことがあるとか、みずがめ座は旅行に注意とかいった女性アナウンサー
のお告げが出てくる。古代のバビロニアでは天体の運行を人間界の諸現象に対
応させる思考があって、星占いはそれをもとに生まれた。その頃の天文学で
は、太陽の通る道筋つまり黄道帯を春分点から12等分し、その中に含まれる
星座を黄道十二宮と呼んで天球黄道の目印としていた。太陽は平均して毎月一
宮ずつ、その星座をめぐっていくことになる。星座の名はほとんどが動物の名
で表されたことから、これらの連なりは獣帯とも呼ばれ、星占いではそれぞれ
の星座と太陽、月、惑星の相対的な位置によって運命が告知された。十二宮の
中でカニ座は6月22日から7月22日にあたり、平穏とか善良とかいう性格が
与えられている。占星術の知識は12世紀初めにイスラム世界からヨーロッパ
に広まり、特にイタリアでは、13世紀ごろから日常生活にまで影響するよう
になった。以後今日まで、黄道十二宮は占いや暦の中でヨーロッパの人びとの
暮らしと結びついている。

　これまでカニ座を意味する切手は20以上の国々から発行されている。これ
らはもちろん決まった種のカニやザリガニを指すものではない。

イタリアの中央部、ティベル川のほとりの古い都市ペルージアには13世紀のベヴィネート兄弟が設計したことで知られる大噴水がある。その噴水のすそ周りに彫刻家のニコラ・ピサーノ（N. Pisano, 1220頃-1284頃）と息子のジョヴァンニ・ピサーノ（J. Pisano, 1250頃-1315頃）が作った数十枚のレリーフがはめ込んであって、ローマの誕生物語やイソップ寓話からの情景が描かれているが、その中に十二宮に従って一年の各月の農耕作業を示したパネルが2枚ずつ入っている。いわば中世の農耕暦というものだが、それが1963年、FAOの世界飢饉追放キャンペーンの切手の図になった。中世の農民にとって気象は彼らの農耕技術をはるかに超える神秘的な天の働きであった。彼らの生活には、喜びにつけ悲しみにつけ、天体や風の動きが、そして暦と占星師の予言が常に大きい影を落としていたことであろう。収穫を表すパネルの左上隅に、カニ座が彫られている。

お わ り に

ホルトハウス博士と著者
2007 年 4 月 17 日　ライデンにて

This book "Shrimp and Crab：Natural History of Crustaceans on Postage Stamps in the World" by Makoto Omori is dedicated to the late Dr. Lipke B. Holthuis.

　世界の隅々から発行された郵便切手をもとに、本書で触れた甲殻類の種類数は 253 になった。小さな切手の図柄とそれぞれの種の特徴的な生態を知って、磯に潜む小さないのちや沖合の海中を彩る大集群を想像していただけただろうか。そして陽光の輝く熱帯のさんご礁の海の青さや霧に包まれた極海の波のうねりを感じていただけたであろうか。漁獲の対象になるエビやカニについては獲り方や料理法や味についても、私の研究調査や旅の経験をもとに記述したので、日常のあわただしさとコロナ禍への警戒からひととき抜け出して、美食の世界を堪能していただければ幸いである。

　生物名の表し方については、読者がその姿を思い描けるように、属や種を特定しながらできるだけなじみの深い和名で表すように心がけた。標準和名のない種には学名をカタカナ表記にし、できるだけ科や属の和名を併記した。

　漁業を支え、多様な食材を提供し、レジャーやホビーでも人びとを楽しませてくれる多くのエビやカニが棲む恵まれた国であるにもかかわらず、日本の甲殻類の切手がとても少ないのは残念なことだ。サクラエビとシラエビに加えて、クルマエビ、イズミエビ、ボタンエビ、ニホンザリガニ、タカアシガニ、

スナガニ、サワガニなど、わが国の代表的なエビやカニの切手があったらと思うのは、私ひとりではあるまい。

　今、原稿を書き上げると、これまでの私の甲殻類の研究を通して厚誼をいただき、切手集めや図柄の種の探索に協力してくださった何人もの研究者の姿が脳裏をよぎる。多くはすでにこの世を去られたが、そのような先人たちと楽しく言葉や文書を交わしていた頃がなつかしい。ホルトハウス博士を筆頭に、日本の時岡隆先生、三宅貞祥先生、米国の E. Brinton 博士、P. Illg 教授、R. Manning 博士、英国の I. Gordon 博士、フランスの J. Forest 博士、A. Crosnier 博士、R. Serene 博士、モナコの F. Doumange 博士、デンマークの T. Wolff 教授、ロシアの R. Makarov 博士、南アフリカの B. Kensley 博士そのほか有縁の方々。

　本稿を著すに際し、駒井智幸博士、小西光一博士、馬場敬次博士および柳研介博士からいろいろとご教示をいただいた。殊に駒井博士には素稿全部に目を通していただき、出てくる甲殻類のすべてについて数々の分類学上並びに地理分布についての指摘を受けて修正を加えることができた。築地書館の土井二郎氏と黒田智美さんには出版を後押しし、原稿を確認し、編集に協力していただいた。皆さまに対し、ここに心からの謝意を表したい。

引　用　文　献

(1) Zhang Z-Q（2011）Phylum Arthropoda von Siebold, 1848. p. 99-103. In: Zhang, Z.-Q.（ed.）
Animal biodiversity: an outline of higher-level classification and survey of taxonomic richness.
Zootaxa 4138.

(2) Omori M, Holthuis LB（2000）Crustaceans on postage stamps from 1870 to 1997. Report of
Tokyo University of Fisheries（35）1-89.

(3) Omori M, Holthuis LB（2005）Crustaceans on postage stamps from 1870 to and including 2002:
Revised article for our paper in 2000 and addendum. Journal of Tokyo University of Marine
Science and Technology 1, 1-39.

(4) 中嶋亮太（2019）海洋プラスチック汚染．岩波書店

(5) Arnbom T, Londberg S（1995）Notes on *Lapas australis*（Cirripedia, Lepadidae）recorded on
the skin of southern elephant seal（*Morounga leonine*）. Crustaceana 68, 655-658.

(6) Hodgson DJ, Bréchon AL, Thompson RC（2018）Ingestion and fragmentation of plastic carrier
bags by the amphipod *Orchestia gammarellus*: Effects of plastic type and fouling load. Marine
Pollution Bulletin 127. 154-159.

(7) 川崎義巳（2002）アチチ君の温泉教室―そこが知りたい温泉の見方、利用の仕方．民事法研
究会

(8) 貞方 勉（2015）日本海産ホッコクアカエビの資源生物学的研究．東京水産大学博士論文．
http://id.nii.ac.jp/1342/00001084/

(9) 本尾 洋（1999）日本海の幸―エビとカニ．あしがら印刷

(10) Chan T-Y（2004）The *Plesionika rostricrescentis*（Bate 1888）and *P. lophotes* Chace, 1985
species groups of *Plesionika* Bate, 1888, with descriptions of five new species（Crustacea：
Decapoda：Pandalidae）. In: Marshall B ＆ Richer de Forges B（eds）, Tropical Deep-Sea
Benthos, Vol. 23. Mémoires du Muséum national d'Histoire naturelle 191: 293-318.

(11) Omori M（1971）Taxonomy and some notes on the biology of a new caridean shrimp, *Plesionika
izumiae*（Decapoda, Pandalidae）. Crustaceana 20：241-256.

(12) 林 公義・白鳥岳朋（2013）ハゼガイドブック（改訂版）．CCC メディアハウス　223p.

(13) 中野理枝（2015）エビとサンゴとウミウシの三角関係．日本自然保護協会会報「自然保護」
（545）.

(14) Fisher R, O'Leary RA, Low-Choy S, Mengersen K, Knowlton N, Brainard RE, Caley MJ（2015）
Richness on coral reefs and the pursuit of convergent global estimates. Current Biology 25：
500-505.

(15) Prakash S, Kumar TTA（2013）Feeding behavior of harlequin shrimp *Hymenocera picta* Dana
1852（Hymenoceridae）on sea star *Linckia laevigata*（Ophidiasteridae）. Journal of Threatened
Taxa 5（13）: 4819-4821.

(16) Wowor D, Ng PKL（2007）The giant freshwater prawns of the *Macrobrachium rosenbergii*
species group（Crustacea: Decapoda: Caridea: Palaemonidae）. Raffles Bulletion of Zoology 55
（2）: 321-336.

(17) Lovell JM, Findl MM, Moate RM, Yan HY（2005）The hearing abilities of the prawn *Palaemon
serratus*. Comparative Biochemistry and Physiology Part A: Molecular ＆ Integrative
Physiology 140（1）: 89-100.

（18）Crandall KA and De Grave S（2017）An updated classification of the freshwater crayfishes （Decapoda: Astacidea) of the world, with a complete species list. Journal of Crustacean Biology 37（5）: 615-653.

（19）秋山徳蔵（1957）ザリガニを盗まれた話. 文芸春秋, 昭和 32 年 2 月号.

（20）Phillips BF（2006）Lobsters: Biology, Management, Aquaculture and Fisheries. John Wiley & Sons, New York. p. 236.

（21）Iversen ES, Jory DE, Bannerot SP（1986）Predation on queen conchs, *Strombus gigas*, in the Bahamas. Bulletin of Marine Science 39（1）: 61-75.

（22）今井 正編訳（2001）検夫爾日本誌—日本の歴史と紀行. 霞ヶ関出版.

（23）Temminck CJ（1836）Coup-d'oeil sur la faune des Iles de la Sonde et de l'Empire du Japon. Discours préliminaire destiné a servir d'introduction a la Faune du Japon. 30 pp.

（24）Lai JCY, Ng PKL, Davie PJF（2010）A revision of the *Portunus pelagicus*（Linnaeus, 1758）species complex（Crustacea, Brachyura, Portunidae), with the recognition of four species. Raffles Bulletion of Zoology 58: 199-237.

（25）Omori M, Vervoort W（1986）Observations on a living specimen of the giant hydroid *Branchiocerianthus imperator*. Zoologische Mededelingen 60（16）: 257-261.

（26）柳 研介・岩尾研二（2012）キンチャクガニ *Lybia tessellata* が保持するイソギンチャクの謎. みどりいし（23）: 31-36.

（27）Hart-Davis D（1972）Ascension: The Story of a South Atlantic Island. Constable, London. Wikipedia "*Johngarthia lagostoma*" から引用.

生 物 名 索 引

190

Panulirus longipes　ネッタイイセエビ (A.Milne Edwards, 1868)　97, 98

Panulirus ornatus　ニシキエビ (Fabricius, 1790)　98, 99

Panulirus penicillatus　シマイセエビ (Olivier, 1791)　97

Panulirus regius　アフリカイセエビ De Brito Capello, 1864　99

Panulirus versicolor　ゴシキエビ (Litreille, 1804)　98, 99

Paraeuchaeta antarctica　パラユウキータ・アンタークティカ (Giesbrecht, 1902)　18, 19

Paralithodes camtschatica　タラバガニ (Tilesius, 1815)　108, 115, 116, 141, 153

Parapenaeus longirostris　パラペネウス・ロンジロストリス (Lucas, 1846)　51

Parasesarma erythrodactyla　パラセサルマ・エリスロダクティラ (Hess, 1865)　171, 172

Parastacidae　ミナミザリガニ科　10, 82

Parastacoidea　ミナミザリガニ上科　10, 76

Parhippolyte uveae　パルヒッポライト・ウベア Borradaile, 1899　64

Parinuroidea　イセエビ上科　11

Parribacus　ゾウリエビ属　108

Parribacus caledonicus　パリバクス・カレドニクス Holthuis, 1960　108, 109

Parthenope longimanus　テナガヒシガニ (Linnaeus, 1764)　135, 136

Parthenopidae　ヒシガニ科　10, 135

Parthenopoidea　ヒシガニ上科　10

Parthenopoides massena　パルセノポイデス・マッセナ (Roux, 1830)　136

Parthenopoides valida　ヒシガニ De Haan, 1839　135, 136

Pasiphaea japonica　シラエビ Omori, 1976　43, 55

Pasiphaeidae　オキエビ科　10, 43, 55

Pasiphaeoidea　オキエビ上科　10

Penaeidae　クルマエビ科　10, 44, 48

Penaeoidea　クルマエビ上科　10

Penaeus chinensis　コウライエビ (Osbeck, 1765)　44, 45

Penaeus duorarum　ペネウス・デュラルム (Burkenroad, 1939)　48, 49

Penaeus indicus　インドエビ (H. Milne Edwards, 1837)　46

Penaeus japonicus　クルマエビ (Bate, 1888)　41, 45, 46

Penaeus kerathurus　ペネウス・ケラスルス (Forskål, 1775)　49, 50

Penaeus merguiensis　バナナエビ (de Man, 1888)　46

Penaeus monodon　ウシエビ Fabricius, 1798　45, 46, 48

Penaeus notialis　ペネウス・ノティアリス Pérez-Farfante, 1967　45, 49

Penaeus occidentalis　ペネウス・オシデンタリス (Streets, 1871)　47, 48

Penaeus vannamei　バナメイエビ (Boone, 1931)　47

Percnidae　トゲアシガニ科　11, 162

Percnon planissimum　トゲアシガニ (Herbst, 1804)　165

Petrochirus diogenes　ペトロキルス・ディオジェネス (Linnaeus, 1758)　111, 112

Phronima sedentaria　オオタルマワシ (Forskål, 1775)　33

Pilumnidae　ケブカガニ科　10, 161

Pilumnoidea　ケブカガニ上科　10

Pilumnus hirtellus　ピルムス・ヒルテルス (Linnaeus, 1761)　161

Pilumnus sp.　ケブカガニ属の一種　40

Platipodiella spectabilis　プラティポディエラ・スペクタビリス (Herbst, 1794)　154

事 項 索 引

著者紹介

大森　信（おおもり　まこと）

水産学博士、東京海洋大学名誉教授

　1937 年大阪府生まれ。北海道大学水産学部卒、米国ウッズホール海洋研究所とワシントン大学大学院で学んだ後、東京大学海洋研究所、カリフォルニア大学スクリップス海洋研究所、ユネスコ自然科学局海洋科学部門に勤務、東京水産大学教授を経て、（一財）熱帯海洋生態研究振興財団の阿嘉島臨海研究所所長を務めた。日本プランクトン学会会長やいくつもの国際学術誌の編集委員を歴任。2002 年には NHK 総合テレビより 8 回にわたって放送された「海・青き大自然」の総監修を、また 2004 年には映画「ディープブルー」の監修を行った。1970 年、日本海洋学会岡田賞受賞。2011 年、日本サンゴ礁学会学会賞受賞。

　著書・共著書に『動物プランクトン生態研究法』（共立出版）、"Methods in Marine Zooplankton Ecology"（Wiley Interscience, New York）、『蝦と蟹』（恒星社厚生閣）、『サクラエビ：漁業百年史』（静岡新聞社）、『サンゴ礁修復に関する技術手法』（環境省）、『海の生物多様性』（築地書館）などがある。

エビとカニの博物誌
世界の切手になった甲殻類

2021 年 7 月 9 日　初版発行

著者　　　　大森　信
発行者　　　土井二郎
発行所　　　築地書館株式会社
　　　　　　東京都中央区築地 7-4-4-201
　　　　　　☎ 03-3542-3731　FAX 03-3541-5799
　　　　　　http://www.tsukiji-shokan.co.jp/
　　　　　　振替 00110-5-19057
印刷・製本　シナノ印刷株式会社
本文デザイン　NONdesign　小島トシノブ

海の生物多様性

大森 信＋ボイス・ソーンミラー［著］
3,000 円＋税

生物海洋学の第一人者が語る海の世界。
いまだ謎の多い海の生物多様性——
さんご礁、熱水噴出孔の生物群集から漁業、国内
外の政策、環境問題までを包括的に解説する。

海の極限生物

Ｓ・Ｒ・パルンビ＋Ａ・Ｒ・パルンビ［著］
片岡夏実［訳］　大森 信［監修］
3,200 円＋税

4270 歳のサンゴ、80℃の熱水噴出孔に尻尾を入
れて暮らすポンペイ・ワーム………。
極限環境で繁栄する海の生き物たちの生存戦略
を、アメリカの海洋生物学者が解説し、来るべき
海の世界を考える。

海の極小！いきもの図鑑
誰も知らない共生・寄生の不思議

星野 修 [著]
2,000 円＋税

カラフルなウミウシにホヤ、雄が雌の体内に住み着くイノチヅナアミヤドリ、そして新種のヨコエビ類。捕食、子育て、共生・寄生など、小さな生き物たちの知られざる生き様を、オールカラーの生態写真で紹介。
世界で初めての海中《極小》生物図鑑。

魚の自然誌
光で交信する魚、狩りと体色変化、
フグ毒とゾンビ伝説

ヘレン・スケールズ [著]　林裕美子 [訳]
2,900 円＋税

世界の海に潜って調査する気鋭の魚類学者が自らの体験をまじえ、魚の進化・分類の歴史、紫外線ライトで見る不思議な海の世界、群れ、音、色、狩り、毒、魚の思考力など、魚にまつわるさまざまな疑問にこたえる。

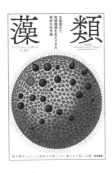

藻類　生命進化と地球環境を支えてきた奇妙な生き物

ルース・カッシンガー［著］　井上 勲［訳］
3,000 円＋税

地球に酸素が発生して生物が進化できたのも、人類が生き残り、脳を発達させることができたのも、すべて、藻類のおかげだったのだ。
この 1 冊で、一見、とても地味な存在である藻類の、地球と生命、ヒトとの壮大な関わりを知ることができる。

海岸と人間の歴史
生態系・護岸・感染症

O・H・ピルキー＋ J・A・G・クーパー［著］ 須田有輔［訳］
2,900 円＋税

地球温暖化による海面上昇で影響を受ける沿岸部の地域社会に警鐘を鳴らすとともに、世界の砂浜にみられる浜の環境問題を具体例をあげてわかりやすく解説し、経済活動を優先するのか、自然環境を優先するのか、理想と現実のはざまで問題を投げかける。